木材科学講座 6
切削加工 第2版
番匠谷薫・奥村正悟・服部順昭・村瀬安英 編

WOOD
SCIENCE
SERIES

海青社

執筆者紹介 （五十音順）

＊印は編集者　（　）は執筆分担

池際　博行	和歌山大学教育学部教授	（第3章第5節）
梅津　二郎	職業能力開発総合大学校教授	（第4章第2節）
大内　　毅	福岡教育大学教育学部講師	（第2章第3節3.1）
太田　正光	東京大学大学院農学生命科学研究科教授	（第1章第2節）
大谷　　忠	茨城大学教育学部准教授	（第2章第4節）
奥村　正悟＊	京都大学大学院農学研究科教授	（第1章第1節、第1章第4節）
尾崎　士郎	鳴門教育大学学校教育学部教授	（第1章第3節）
加藤　幸一	群馬大学教育学部教授	（第3章第2節）
加藤忠太郎	山形大学地域教育文化学部教授	（第3章第3節）
小林　　純	東京農業大学地域環境科学部教授	（第3章第6節）
高野　　勉	(独)森林総合研究所加工技術研究領域室長	（第3章第9節）
栃木　紀郎	東京農業大学地域環境科学部教授	（第4章第3節）
西尾　　悟	兼房(株)研究開発部長	（第3章第1節）
服部　順昭＊	東京農工大学大学院農学府教授	（第3章第10節）
濱本　和敏	日本大学生物資源科学部教授	（第3章第8節）
番匠谷　薫＊	広島大学大学院教育学研究科教授	（第3章第7節）
藤井　義久	京都大学大学院農学研究科准教授	（第4章第1節）
藤原　裕子	京都大学大学院農学研究科教務補佐員	（第2章第3節3.2）
村瀬　安英＊	九州大学大学院農学研究院教授	（第2章第1節、第2章第2節）
村田　光司	(独)森林総合研究所加工技術研究領域室長	（第4章第4節）
山下　晃功	島根大学教育学部教授	（第1章第3節）
横地　秀行	名古屋大学大学院生命農学研究科准教授	（第3章第4節）

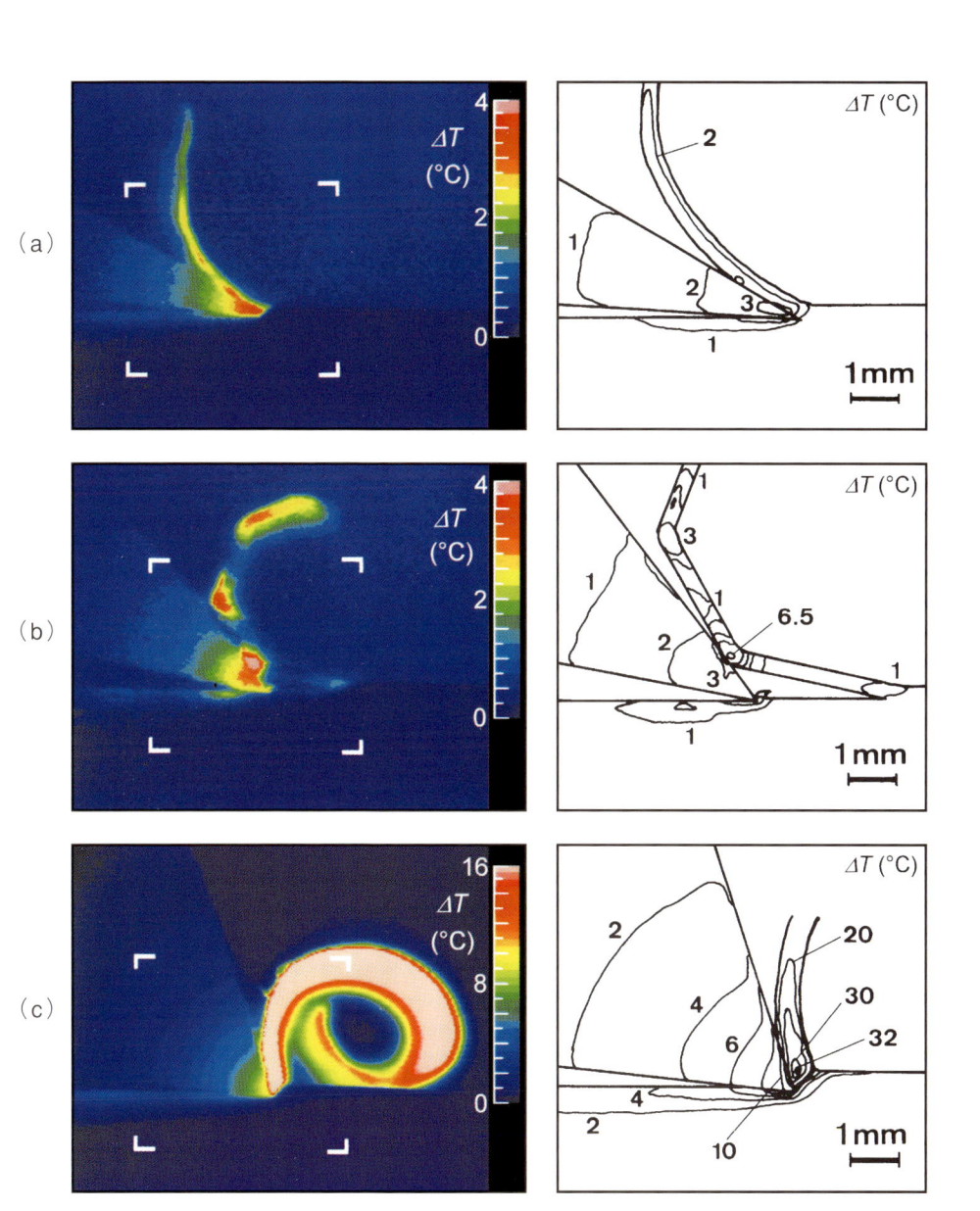

低速切削における切削系の熱画像と温度分布(本文 p. 30, 33 参照)

(a) 流れ型(Type 0)：工具角度 5-25-60，切込み量 0.3 mm
(b) 折れ型(Type Ⅰ)：工具角度 5-25-60，切込み量 0.3 mm
(c) 縮み型(Type Ⅱ)：工具角度 5-65-20，切込み量 0.4 mm

いずれも被削材はミズメ，切削速度は 0.5 m/min(二次元縦切削)。温度分布は熱画像でマークした領域が対象で，室温からの温度上昇(ΔT)を示す。工具角度は，逃げ角－刃物角－すくい角の順。

序

　広大な宇宙の中で，青い地球だけに生物の存在が確認された今，われわれは宇宙の恵みに深い喜びと共に事の重大さをかみ締めなければならない。生物の中でも木材となる樹木は，地球生態系の中で，炭酸ガスの固定・酸素の供給・水資源の確保・土壌の保全等の重要な役割を果たしている。しかも，樹木は無公害で生産されるバイオマス(生産量)の中で地球上で最大量を誇っている。

　多くの非生物系材料は有限の資源量で，将来かならず枯渇するが，生物材料は再生可能な無限の創造資源である。樹木は森林として，地球生態系の中で環境保全の重要な役割を担った後，木材利用の形で再度多方面で有効に利用される。とくに紙・家具・住宅部材に利用される木材は，加工エネルギーが金属やプラスチックのそれに比べて極端に少なくて済み，省エネ・無公害・省資源の材料である。さらに，廃棄の際には有毒ガスをほとんど出さずに燃えたり，あるいは腐らせて土に帰し易い性質を持つ点で，地球生態系に優しい資源である。しかも，日常の生活環境にあっては，木材は，使い易く，優しい心理環境と生体環境を形成する人間と親和性をもった材料である。このように優れた木材の利用は，切削されることから始まる。

　本書は生物資源科学系ないし森林資源系，さらには教育学部技術科の学生や木材を初めて学ぶ人達を対象とし，木材科学を担当する全国大学の教員等のネットワークを活かして木材の切削加工法を科学の視点で著述したテキストであり，全12巻で構成される「木材科学講座」の第三作として1992年に出版された切削加工編を，研究および技術の発展に合わせて全面的に改訂したものである。

　本書を通じて多くの方々が木材に対する深い知識を身につけ，木を愛し，木を大切にする心をこの機会に育んで頂きたい。

編者しるす

本書ではSI単位を基本としているが，一部の図表等では原著のとおり，非SI単位をそのまま使用している。それらのうち主なものについては，巻末に「付録2.単位換算表」(p. 188)を記載した。

木材科学講座 6

切削加工

第2版

目　次

口　絵／低速切削における切削系の熱画像と温度分布
序 1

第1章　切削機構 9

第1節　木材切削の基本 9
1.1　切削加工 9
1.2　切削の基本用語 10
1.3　切削加工に影響する因子 13
1.4　木材切削の特徴 13

第2節　切　削　力 16
2.1　切削力と切削応力 16
2.2　被削材中の応力分布 19
2.3　切削力と切削仕事 20

第3節　切屑の生成 22
3.1　流 れ 型 22
3.2　折 れ 型 23
3.3　縮 み 型 24
3.4　むしれ型 26
3.5　複 合 型 26
3.6　加工条件と切屑の型 27

第4節　切削と熱 30
4.1　切削における熱の発生 30
4.2　工具温度 31
4.3　切屑および仕上げ面の温度上昇とその影響 35

第2章　木材の被削性 37

第1節　切削抵抗 37
1.1　切削抵抗の構成要素 37
1.2　切削抵抗の分力 38
1.3　切削抵抗の測定 38

1.4	切削抵抗と被削材条件	39
1.5	切削抵抗と工具条件	40
1.6	切削抵抗と切削条件	43

第2節 工具寿命 ... 47
   2.1 刃先損耗の形態 ... 47
   2.2 刃先損耗の経過 ... 47
   2.3 木材切削工具の摩耗機構 ... 48
   2.4 工具摩耗と被削材条件 ... 49
   2.5 工具摩耗と工具条件 ... 50
   2.6 工具摩耗と切削条件 ... 51
   2.7 工具寿命の判定と寿命方程式 ... 52

第3節 切削面性状 ... 54
   3.1 切削面の欠点 ... 54
   3.2 加工面粗さと光沢 ... 59

第4節 加工精度 ... 65
   4.1 加工精度 ... 65
   4.2 加工精度に影響を及ぼす要因 ... 65
   4.3 工作精度 ... 67

第3章　各種切削加工 ... 69

第1節 機械と工具 ... 69
   1.1 木材加工機械 ... 69
   1.2 工具と工具材料 ... 73
   1.3 工具の構成と再研磨 ... 77

第2節 挽き材加工 ... 80
   2.1 鋸歯の切削作用 ... 80
   2.2 鋸　機　械 ... 82
   2.3 腰　入　れ ... 85
   2.4 挽き材性能 ... 85

第3節 平削り加工 ... 89

3.1　機械および工具 89
　　3.2　加工方式 90
　　3.3　切削性能 90
　第4節　回転削り加工 93
　　4.1　機械および工具 93
　　4.2　刃先運動の軌跡 93
　　4.3　切削性能 101
　第5節　型削り加工 104
　　5.1　機械および工具 104
　　5.2　切削性能 107
　第6節　旋削加工 109
　　6.1　旋削の種類 109
　　6.2　旋削用工具 109
　　6.3　切削性能 109
　　6.4　旋削機械 112
　第7節　穿孔加工 114
　　7.1　機械および工具 114
　　7.2　切削機構 115
　　7.3　切削性能 115
　第8節　研削加工 120
　　8.1　研削工具と研削機械 120
　　8.2　砥粒の研削作用 122
　　8.3　研削性能 126
　第9節　単板切削 129
　　9.1　単板の種類 129
　　9.2　製造機械および工具 130
　第10節　特殊加工 134
　　10.1　レーザ加工 134
　　10.2　高圧水流加工 137
　　10.3　振動切削加工 139

第4章 切削加工の自動化と安全 143
第1節 切削加工におけるセンシング技術 143
  1.1 丸太の形状と品質の自動計測 143
  1.2 挽き材の寸法と品質の自動計測 145
  1.3 加工プロセスのセンシング 147
第2節 自動制御加工 148
  2.1 自動制御の分類と種類 148
  2.2 CAD/CAM 148
  2.3 プログラミング 149
  2.4 時定数と加工誤差 149
  2.5 自動制御加工機械 152
第3節 切削加工の最適化 158
  3.1 最適化とは 158
  3.2 最適化制御へのアプローチ 160
第4節 切削加工と安全 165
  4.1 木材加工機械による労働災害 165
  4.2 木材加工機械の安全対策 169
  4.3 作業環境 171

索　引 175

付　録
1. 木材の切削加工に関連するJIS 185
2. 単位換算表 188

―❖―一口メモ―❖―

製材機械の始まり 15
鋸の起源 29
押して切る，引いて切る 46

「表面粗さ」から「表面性状」へ 64
さしがね 68
木取りのいろいろ 92
割る加工と挽く加工 103
天然材料による研磨 128
木材の摩擦機構について 141
丸太材積測定の国際比較 142
ドリルドライバとインパクトドライバ 174

第1章　切削機構

第1節　木材切削の基本

1.1　切削加工

　切削加工とは，木材，金属，プラスチックなどの材料(工作物)に刃物(工具)を押し当てて表面から薄い層(切屑)を次々と分離することにより，工作物から不要部分を取り除き，所定の形状，寸法，表面特性をもった部品や製品を作り上げる加工法である。すなわち，切削(cutting)は楔形（くさび）をした工具(tool)と工作物(work piece)*の相対運動によって切屑(chip)を生成することによって実現される(図1-1)。切屑を生成する運動(切削の主運動)や切削を継続させるための運動(送り運動)を機械力によって強力に行うための装置が切削加工機械(工作機械；machine tool)である。なお，切削以外の方法も含めて工作物から不要部を除去する加工法を総称して機械加工(machining)と呼ぶことがある。

　木材の切削加工は，使用する機械や工具によって鋸挽（のこび）き，鉋削（かんな）り，面取り，

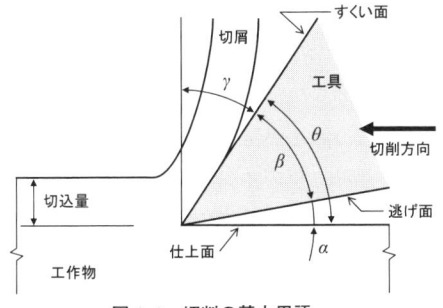

図1-1　切削の基本用語
α：逃げ角，β：刃物角(刃先角)，γ：すくい角，θ：切削角

＊　JIS B 0170 では，工作物は「切削加工が行われる物。加工物ともいう」，被削材は「工作物の材料」と定義されているが，木材加工の分野では工作物の意味で被削材という用語を用いることが多いため，本書では二つの用語を厳密に区別せずに使用している。

フライス切削，ほぞ取り，ルータ加工，穿孔(せんこう)，旋削，研削などに分類されることが多いが，切削の機構や現象から整理すると鋸挽き(sawing)，平削り(ひらけずり)(planing)，回転削り(milling)，錐もみ(きり)(drilling)，のみ彫り，旋削(turning)，研削に分けられる。実際の加工では鋸挽きと回転削りが多用されるが，切削の現象や機構を考究する上で基本となるのは平削りである。

なお，研削は研削砥石を用いた加工(狭義の研削；grinding)として金属加工では通常切削に含めないが，木材加工では研磨布紙による加工(sanding)として切削に含めるのが普通である。また，単板，削片，チップなどの製造は，切屑に相当する部分を製品とするため，厳密な意味では切削加工ではないが，木材切削に含めて扱うことが多い。

1.2 切削の基本用語

最も単純な工具は逃げ面(clearance face)とすくい面(rake face)で輪郭を規定されたもので，両者の交線が切れ刃(cutting edge)である(図1-1)。逃げ面は切削によって生成された面(仕上げ面)に向き合う面で，仕上げ面との接触を避ける(逃がす)ための傾きが付与されている。すくい面は切屑が接触する面で，この面の傾きは切屑の変形や破壊，切屑を生成するのに必要な力などに大きく影響する。逃げ面とすくい面のなす角度(刃物角，刃先角；sharpness angle, lip angle, wedge angle)は，切削の目的，工作物の硬さ，工具に使われる材料の機械的性質などによって決められるが，一般的には工作物が硬いほど，また工具が硬いほど大きくされる。

逃げ面とすくい面の傾きは，切削の主運動の方向(切削方向)に垂直な面を基準として表され(工具系基準方式)，その面とすくい面がなす角度をすくい角(rake angle)，切削方向と逃げ面のなす角度を逃げ角(clearance angle)と呼ぶ。ただし，送り運動を伴う回転削りなどでは主運動と送り運動を合成した合成切削運動の方向に垂直な面を基準にして角度を表示することもある(作用系基準方式)。この場合は工具の回転角などによって逃げ角やすくい角が変化する。なお，切削方向に対するすくい面の傾きを切削角(cutting angle)として表すこともある。ちなみに，逃げ角，刃物角，すくい角の合計は常に90°とするため，切削角が90°を超えるときのすくい角は負の値として表示される。

工作物から切屑として分離される部分の厚さを切込み量(切取り厚さ；

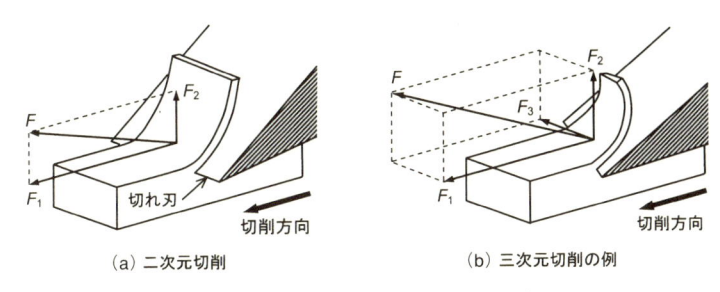

図1-2 二次元および三次元切削と切削力
F：切削力　　F_1, F_2, F_3：切削力の主分力(水平分力)，背分力(垂直分力)，横分力

undeformed chip thickness)と呼ぶ。切込み量は，平削りの場合は常に一定であるが，回転削りでは工具の回転角によって変化する。なお，切屑は切削の過程で大きな変形を受けることがあるため，その厚さ(切屑厚さ；chip thickness)は必ずしも切込み量と一致しない。

切削は，切屑の生成状態，工具が工作物に及ぼす力の作用状態などによって，二次元切削(orthogonal cutting)と三次元切削(three dimensional cutting)に大別される。二次元切削は，工作物より幅が広い刃物で，切れ刃に垂直な方向に切削する場合(図1-2(a))で，切屑の生成状態，力の作用状態は切れ刃に垂直な任意の平面上で議論できる。切削を考えるときの基本となる形式である。一方，三次元切削は，二次元切削以外の全ての切削で，切れ刃が切削方向に対して垂直でなかったり(図1-2(b))，複数の切れ刃が存在したり，切れ刃が直線でなかったりする場合がある。この場合，切屑の変形，作用する力などは三次元的に考える必要がある。実際に行われる切削加工のほとんどは三次元切削である。

切屑の生成を継続するためには工具から工作物に力を加え続ける必要がある。この力は，切削力(cutting force)と呼ばれ，一般に切削方向を基準として，互いに直交する2または3方向の成分で表される(図1-2)。切削方向の成分は主分力(水平分力)と呼ばれ，切屑および母材を切削方向に押し付ける力として作用する。背分力は仕上げ面に垂直な成分で，切削角などの条件によって，切屑を母材から引き離す方向に作用する場合と，母材に押しつける方向に作用する場合がある。とくに，背分力が0になるときの切削角を臨界切削角(critical cutting angle)という。横分力は主分力と背分力に直交する成分であり，二次元切削

では常に0である。なお，切削力の反力は切削抵抗(cutting resistance)と呼ばれ，工作物である材料の被削性(machinability)，工具の切削性能などを評価する重要な指標の一つである。

木材切削では，異方性材料である木材をどの方向から切削するかが重要な因子になる。切削方向は，繊維の走行方向のみならず木材の成長層の構造(半径方向と接線方向，元口と末口，木表と木裏)も考慮して定義する必要があるが，基本となるのは，木材の縦断面を繊維方向に削る縦切削，縦断面を繊維と直交する方向に削る横切削，木口面を削る木口切削である(図1-3)。

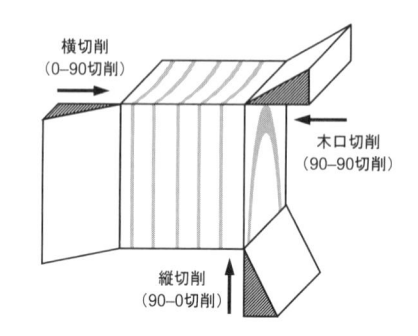

図1-3 基本となる切削方向
( )内はマッケンジー方式による呼称

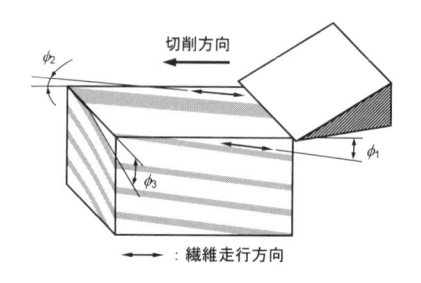

図1-4 切削方向と繊維走行方向の関係および切削面に対する年輪の傾きを表す角度
ϕ_1：繊維傾斜角　ϕ_2：木理斜交角　ϕ_3：年輪接触角

繊維の走行方向を基準とし，これと切れ刃および切削方向のなす角度の組み合わせで切削方向を表示すると[1)]，二次元切削における縦切削，横切削，木口切削はそれぞれ90-0切削，0-90切削，90-90切削となる(マッケンジー(McKenzie)方式による表記)。この表示法では，板目と柾目，半径方向と接線方向などの区別はできないが，縦切削，横切削，木口切削相互間の中間的な切削方向，切削方向に対する切れ刃の傾きなどが簡単に表現できる。

切削方向を，繊維傾斜角(ϕ_1)，木理斜交角(ϕ_2)，年輪接触角(ϕ_3)で表すこともある(図1-4)。ここで，縦切削またはそれに近い切削のとき，$0° < \phi_1 < 90°$であれば順目切削(cutting with grain)，$90° < \phi_1 < 180°$であれば逆目切削(cutting against grain)と呼ぶ。また，切れ刃が繊維方向を含む面にあるとき，木理斜交角が90°であれば横切削，年輪接触角が0°，90°であればそれぞれ板目面，柾目面の切削となる。

1.3 切削加工に影響する因子

木材切削に影響する因子には，刃物の角度や形状，切れ刃の鋭利さなどの工具条件，工作物である木材の樹種，含水率などの被削材条件，および工具と工作物の干渉条件である切削条件(切削角，切込み量，切削速度など)がある。

切削の過程は，工具の切れ刃によって工作物の特定の部位に力を与えて変形させ，その結果起こる破壊によってその微小部分を切屑として分離し，さらに変形を与えて，排除していくことである。したがって，切削現象を解明するためには，母材と切屑の変形と破壊の機構(切削機構)，変形と破壊の原因になる力(切削力)の作用，切削の結果に付随する現象(工具の摩耗，切削面の性状など)，これらに及ぼす各種条件の影響などを明らかにする必要がある。

一方，切削加工の良否は，加工された工作物の形状と寸法(精度)，表面性状(平滑さなど)，加工の過程で消費される時間と経費(生産性)によって判断される。したがって，切削加工に関する研究では，切削現象の解明ととともに，それらの価値判断の基準が最大限に満足されるように，加工の方法，機械，工具，条件などが検討される。

1.4 木材切削の特徴

木材は，形成層で作られた細胞が季節による変動を受けながら年々積み重なったものであり，中空の細胞を束ねた構造を基本とする異方性材料である。そのため，木材切削の最大の特徴は工作物が異方性をもち，しかも細胞の構成，大きさ，壁厚さなどが周期的に変動する層構造を成していることである。また，切削仕上げ面には細胞の断面が現れるため，大径の道管をもつ樹種などでは仕上げ面の評価に注意が必要となる。

それ以外の特徴を，通常の鋼を対象とする金属切削と比較してまとめると，以下のようになる。

(1) 軽切削

木材の弾性率は，繊維方向で軟鋼の 1/10～1/40 程度，繊維直交方向ではさらにそれよりも 1 桁以上小さい。これは，切屑の変形に要する力，すなわち切削力が金属切削よりも 1～2 桁小さいことを意味する。

(2) 鋭利な切れ刃と小さな切込み量

木材が変形しやすいことは，切屑を分離するために切れ刃によって力が与え

られたときの変形も大きいことを意味する．変形域が広がると，強度的に最も弱い面や切れ刃から離れた場所で破壊が生じることもある．したがって，良好な仕上げ面を得るためには，切れ刃をできるだけ鋭利にし，力を集中させて切屑を分離する必要がある．また，切込み量を大きくすると切屑の剛性が増し，切屑の変形が母材側にも影響するため，良好な仕上げ面を得るためには切込み量をできるだけ小さくする必要がある．

鋭利な切れ刃も使っているうちに摩耗して鋭利さが失われる．これが木材切削で問題とされる工具摩耗(tool wear)であり，すくい面のクレータ摩耗や逃げ面摩耗が問題となる金属切削での工具摩耗とは異なる．

(3) 高速切削

機械を用いた木材切削では，通常 30〜50 m/s，場合によっては 100 m/s に達する切削速度が用いられる．これは，金属切削よりも 2 桁程度高い速度である．このような高速切削が可能なのは木材切削が軽切削であることによるが，小さな切込み量で除去の能率を上げるためには高速で切削せざるを得ないという側面もある．

高速切削では，加工機械の主軸が通常 3000〜5000 rpm，ルータでは 20000 rpm 以上という高い回転数で運転される．そのため，機械の振動・騒音が励起されやすく，工具が空気中を高速で運動することによる騒音が問題になることも多い．また，回転削りのように断続的に工具と工作物が接触する場合は，接触時の衝撃によって工具，工作物，機械の振動が励起され，騒音発生の原因となる．

(4) 鋸挽きと回転削りの多用

金属切削では旋削が主流であるのに対して，木材切削では鋸挽きと回転削りが多用される．木材は金属のような塑性加工や剪断加工ができないため，部材の整形や寸法決めの最初の段階には鋸挽きが用いられる．また，回転削りは切込み量と切込み深さ(depth of cut)が独立して設定できるため，切込み量を大きくできない木材切削で能率的な除去加工を行うのに適した加工法である．

(5) 抽出成分による工具の腐食摩耗

木材は樹木の成長過程で作られる抽出成分を含んでおり，これが樹種特有の色や匂いのもとになっている．しかし，一般に pH の低い抽出成分は工具を構

成する金属を酸化して溶出する作用をもつ。そのため，そのような抽出成分を含んだ樹種の生材または含水率の高い材を切削すると，この腐食摩耗(corrosive wear)によって工具摩耗が急速に進行する場合がある。

● 引用文献

1) W. M. McKenzie："Fundamental aspects of the wood cutting process", *Forest Prod. J.*, **10**(9), 447-456(1960)

製材機械の始まり

　ヨーロッパでは，比較的早くから縦挽き鋸による製材が行われており，水車を主たる動力源とする機械化製材も14世紀頃から始まっている。これは鋸が張られたフレームを上下運動させる枠鋸盤であるが，その後丸鋸盤が出現し，さらに18世紀から19世紀にかけて帯鋸盤が発明される。わが国は明治の開国によって，欧米が何世紀にもわたって作り上げた多種の製材機械を一挙に導入したのであり，国情にあった機械として製材用の帯鋸盤が現在の隆盛を見るにいたっている。

　ルネッサンスにおいて，木材加工機械も大きな発展を遂げた。かの巨匠レオナルド・ダ・ヴィンチは木材加工機械の設計にも大変な興味を示し，枠鋸盤や木工旋盤などを始めとする機械や工具について多くのデッサンを遺している。

第 2 節　切　削　力

　切削は工具によって被削材に切削力(cutting force)を加え，これによって被削材(work-piece)を変形させ，切屑(chip)を分離させるプロセスであるといえる。したがって，逆目ぼれなどのない良好な切削面の形成や，裏割れの少ない良質な単板を製造するためには，工具から加えられる力が被削材にどのような作用を及ぼすかを知ることが大切である。また，切削力の反力は切削抵抗と呼ばれ，材料の被削性(machinability)や切削に要するエネルギーを評価する上で重要な指標となる。

2.1　切削力と切削応力

　ここではまず，切削力が被削材にどのような応力を生じさせるかを，機構が比較的単純な二次元切削(orthogonal cutting)を例にとって説明する。

　図1-5は木材切削において発生すると考えられる応力のうち，主なものの作用域を示したものである[1]。それらは次のように定義づけることができよう。

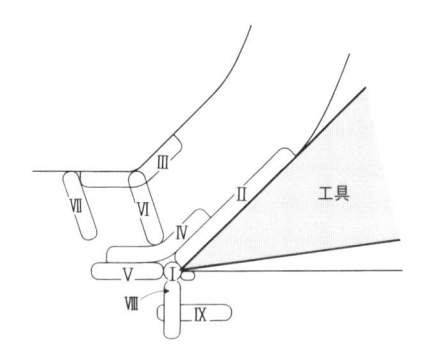

図1-5　木材切削における主要応力の作用域[1]

　　　工具刃先の押し込みによって発生する集中応力(Ⅰ)。
　　　工具すくい面と切屑との接触による摩擦(Ⅱ)。
　　　工具すくい面による切屑の曲げに伴う圧縮応力(Ⅲ)と引張応力(Ⅳ)。
　　　切削方向に対し直角方向に作用する圧縮応力または引張応力(Ⅴ)。
　　　切削方向に作用する剪断応力(Ⅵ)。
　　　大きな切削角で発生する圧縮剪断応力(Ⅶ)。
　　　木口切削の場合に繊維を曲げる曲げ応力(Ⅷ)。
　　　木口切削の場合に繊維に生ずる引張応力(Ⅸ)。

　工具から被削材へは，図1-6に示すようにすくい面が被削材に加える圧縮力

N (normal force)とすくい面と切屑との間の摩擦力 T (frictional force)の合力が主に切削力 F (resultant force)として作用していると考えることができる。このとき N と F のなす角度を摩擦角 ρ (frictional angle)といい，見かけの摩擦係数 μ (frictional coefficient)との関係を次式で表すことができる。

$$\mu = \tan\rho = \frac{T}{N} \tag{1-1}$$

切削力 F を切削方向に働く水平分力 F_H(主分力；parallel tool force, principal force)と切削方向に垂直に働く垂直分力 F_V(背分力；normal tool force, thrust force)に分割することも可能であり，これらは次式で表される。

$$F_H = N\sin\theta + T\cos\theta \tag{1-2}$$
$$F_V = N\cos\theta - T\sin\theta \tag{1-3}$$

ここで，θ：切削角(cutting angle)。

水平分力 F_H は切削角 θ の大小にかかわらず常に切削方向に作用するが，垂直分力 F_V は切削角の大小によってその作用する方向が異なり，切削角が小さい(すくい角が大きい)場合には一般に正であり，工具刃先が切削面から逃げるように切屑を押し上げる方向に働く。切削角が大きい(すくい角が小さい)場合には逆に負となり，工具刃先が切削面を押しつけるように被削材方向に働く。とくに垂直分力が 0 となる時の切削角を臨界切削角(critical cutting angle)といい，切削加工上重要な意味をもつ。なお，F_V は切削角による影響のほかに，工具刃先の状態によってもその向きは変化し，刃先が鋭利な状態から鈍化して丸味を帯びるにしたがい，正から負へと移行していくことが知られている。

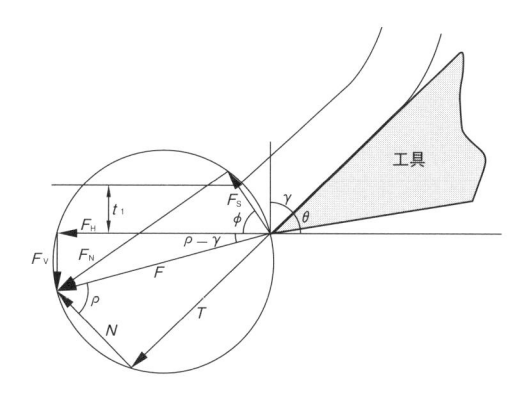

図 1-6 切削力相互の基礎的関係

F：切削力, F_H：水平分力, F_N：剪断面に直交する分力,
F_S：剪断面に沿った力, F_V：垂直分力, t_1：切込み深さ,
ϕ：剪断面が工具進行方向となす角度, γ：すくい角,
ρ：摩擦角, θ：切削角, N：圧縮力, T：摩擦力

切削過程を実験的に評価する際には，切削抵抗の水平分力(主分力)と垂直分力(背分力)をインプロセスで計測して解析することがよく行われる。

被削材中に発生する切削応力と生成される切屑の形態との間には密接な関係がある。ここではまず 図1-6 に示すような，刃先の前方に先割れがほとんど発生せず，剪断破壊で連続的に切屑が生成される場合(縮み型，第1章第3節参照)について見てみる。この場合，切屑を完全塑性体として扱うことができれば，以下のような手順で，切屑が生成される剪断面が工具進行方向となす角度 ϕ を理論的に求めることが可能となる。

切削力 F を剪断面に沿った力 F_S とそれに直交する分力 F_N に分解して考える。このとき切削断面積は t_1b (t_1 は切込み深さ，b は切削幅)であるので，剪断面の応力 τ_S は次式で与えられる。

$$\tau_S = \frac{F_S}{t_1 b / \sin\phi} \tag{1-4}$$

また，この τ_S を用いて切削力を以下のように表すことができる。

$$F = \frac{F_S}{\cos(\phi+\rho-\gamma)} = \frac{\tau_S t_1 b}{\sin\phi \cos(\phi+\rho-\gamma)} \tag{1-5}$$

$$F_H = F\cos(\rho-\gamma), \ F_V = F\sin(\rho-\gamma) \tag{1-6}$$

ただし，γ：すくい角。

定常状態で切削が進行しているときの切削抵抗を知るためには，ϕ の値が求まれば，τ_S として材料の剪断強さを採用すればよいことになる。いま仮に切削速度を v_H であるとして，切削に必要な単位時間あたりの仕事量 W を求めると，

$$W = F_H v_H \tag{1-7}$$

となる。さらに単位切削体積(単位時間に切削される部分の体積)あたりの仕事量 w を求めると，

$$w = \frac{W}{v_H t_1 b} = \frac{F_H}{t_1 b} \tag{1-8}$$

である。マーチャント(Merchant)[2]はこの仕事量が最小となる方向に剪断面が生じると考えて，次のように剪断角 ϕ を求めた。すなわち，(1-5)，(1-6)，(1-8)より

第2節　切削力

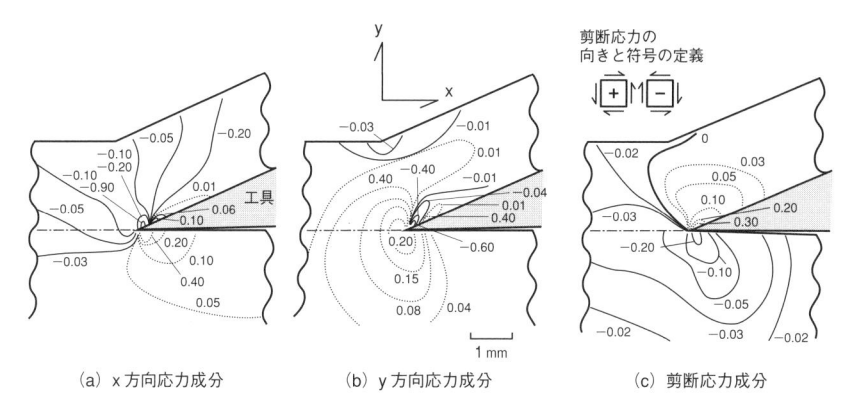

(a) x方向応力成分　　(b) y方向応力成分　　(c) 剪断応力成分

図1-7　有限要素法による被削材中の応力分布の解析結果[5]

$$w = \frac{\tau_S \cos(\rho-\gamma)}{\sin\phi \cos(\phi+\rho-\gamma)} \tag{1-9}$$

なので，$dw/d\phi = 0$ となるときの ϕ が求めるものとなる。

$$\frac{dw}{d\phi} = \frac{-\tau_S \cos(2\phi+\rho-\gamma)\cos(\rho-\gamma)}{\sin^2\phi \cos^2(\phi+\rho-\gamma)} \tag{1-10}$$

より，$\cos(2\phi+\rho-\gamma) = 0$，したがって

$$2\phi+\rho-\gamma = \frac{\pi}{2} \tag{1-11}$$

という関係式が得られる。この(1-11)式をマーチャントの第1切削方程式という[3]。

以上のことから，すくい面摩擦角 ρ と剪断角 ϕ がわかれば(1-5)，(1-6)式から切削抵抗 F，F_H，F_V の予測が可能となる。この理論は切削現象をかなり単純化しているので，実験値との適合性は必ずしも高くなく，木材への適用性も明らかではないが，切削を理論的に考察するための端緒となったものである。

2.2　被削材中の応力分布

工具から加えられた切削力によって被削材中に生じる応力がどのように分布しているかを知ることも切削現象を解析する上で大切である。これまでに工具刃先先端での被削材中の応力解析が，有限要素法による数値解析や光弾塑性法による実験的解析[4]などいくつか報告されている。上記の縮み型に直接対応している訳ではないが，有限要素法による解析の一例を 図1-7 に挙げる[5]。単板切

削を想定した横切削に対する解析で，切屑が切り出されたのち被削材あるいは切屑に割れが発生する直前の過渡状態をシミュレートしたもので，刃先先端で応力が無限大になることや，塑性変形を考慮して計算がなされている。

木材の縦切削(cutting parallel to grain)では，工具刃先の前方に先割れと呼ばれる木材切削特有の破壊が発生することがある。この場合の被削材中の応力解析には破壊力学(fracture mechanics)による考

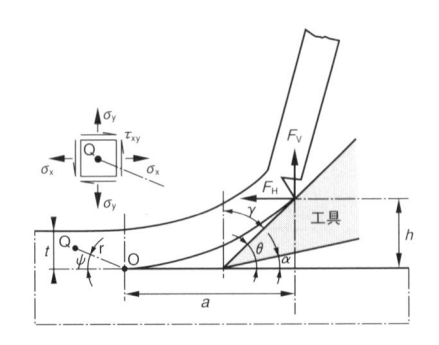

図 1-8 切屑形成解析に破壊力学を適用する場合のモデル[6]

F_H：水平分力，F_V：垂直分力，O：先割れ先端，Q：被削材中の任意の点，a：き裂長さ，h：き裂開口変位，(r, ψ)：点Qの極座標，t：切込み深さ，α：逃げ角，γ：すくい角，θ：切削角，σ_x, σ_y：点Qの法線応力，τ_{xy}：点Qの剪断応力

察が合理的であると思われる。なぜならば，先割れのような亀裂の先端部では応力が理論的には無限大になり，亀裂が進行するかしないかは材料強度ではなく，亀裂周りの応力状態を表す指標である応力拡大係数 K_I(stress intensify factor)の値が材料定数である臨界応力拡大係数 K_{IC}(critical value of stress intensity factor, fracture toughness ともいう)を超えるかどうかによって決定されるからである。この考え方で，折れ型の切屑形成を解析した例を 図 1-8 に示した[6]。結果の図は省略するが，破壊力学の理論で先割れの進行と切屑の折れの発生をうまく説明している。

2.3 切削力と切削仕事

切削力は被削材(母材)ならびに切屑を変形させるための変形力，母材から切屑を分離させるための分離力，切屑と工具すくい面および母材と工具逃げ面との接触部で発生する摩擦力とから構成されるとみなすことができる。これらの要素が切削に占める割合に関しては，力の大小で直接比較するよりも，切削過程でなされる仕事量で評価することがよく行われる。

金属切削では切削に要するエネルギーのほとんどは，切屑を生成するために使われ，その中でも切屑を剪断塑性変形させるためのエネルギーが多くの割合を占めているとされる。

木材切削では，切削様式によってそれぞれの比率は異なるが，ここでは先割れをともなう縦切削における研究結果[7]を紹介する。この場合でも分離エネルギーの全切削エネルギーに占める割合は2％以下と小さかった。摩擦エネルギーと塑性ひずみエネルギーの和が全切削エネルギーの80％以上を占めるが，残りを弾性ひずみエネルギーが占めていた。また，切削抵抗の値は切削角を変化させてもあまり変わらないが，切削エネルギーの各成分の割合は切削角を変えると変化し，これは切屑のでき方と関連がみられた。切削過程を解析するためには切削力の測定は欠かせないが，切削エネルギーも同時に計測できればより望ましいといえよう。

ここでは二次元切削を中心に切削力に関して説明したが，実際の切削では図1-2(b)に示すような三次元切削になることが多く，また，手鉋加工や単板切削におけるような1枚の切れ刃による切削と，鋸挽き加工・回転削り加工・穴あけ加工などのように多数の切れ刃による場合とがある。切削力を解析する際には，それぞれの場合ごとに適切な力に分解して考察をすることが必要となる。

● 引用文献

1) 小林　純ほか："木材の横切削における切削エネルギーについて"，木材学会誌，**29**(12)，853-861(1983)
2) M. E. Merchant："Basic mechanics of the metal-cutting process"，*J. Appl. Mech.*，**11**，A168-A175(1944)
3) 小野浩二ほか："理論切削工学第2版"，現代工学社，48-53(1984)
4) T. Tochigi *et al.*："Change of cutting stress in the progression of the dulling of the tool edge"，*Mokuzai Gakkaishi*，**31**(11)，880-889(1985)
5) 杉山　滋："単板の切削機構に関する基礎的研究(第5報)被削材応力分布の数値解析(pressure barの作用しない場合)"，木材学会誌，**20**(6)，250-256(1974)
6) P. Triboulot *et al.*："An application of fracture mechanics to the wood-cutting process"，*Mokuzai Gakkaishi*，**29**(2)，111-117(1983)
7) S. Ohya *et al.*："Analyses of cutting energies in slicing along the grain of wood"，*Mokuzai Gakkaishi*，**40**(6)，577-583(1994)

第3節　切屑の生成

　木材切削における切削機構をより深く理解するためには，切削力の解析とともに，切屑の生成形態の解明が，重要な要素として挙げられる。木材の縦切削(cutting parallel to grain)における切屑の型については，従来から多くの研究者により分類されてきた。例えば，フランツ(Franz)は，切削角60～85°，切込み量0.05～0.76 mmの範囲の切削条件で，切屑の型を3種類Type I，IIおよびIIIに分類している。[1] また，ウォーカー(Walker)とグッドチャイルド(Goodchild)は，切削角50～80°，切込み量0.13～0.38 mmの範囲で，明確な2種類Riven type，Plastic typeに分類している。[2]

　切削の基本である平削り加工(平鉋刃による直線削り)における切屑の生成を説明する。

3.1　流れ型

　縦切削において，切削角，切込み量ともに小さい加工条件(例えば，切削角：40°，切込み量：0.05 mm)のときに発生する。切屑は，切削によりほとんど圧縮ひずみを受けることなく，工具すくい面に沿って流れるように生成される。流れ型(flow type)切屑の縮み率を測定した一つの実験例では，5%以下を示した。[3] この型は，工具がくさびの状態で作用し，切屑は連続的に母材から剥離して行くことから，剥離型またはType 0とも呼ばれる。

　流れ型切屑生成のしくみは次のとおりである。通常，刃先の前方に**図1-9**のような開き破壊(一般的には，先割れと呼ばれる木材切削特有の破壊形態)が発生し，刃先の進行とともに先割れが前進し，一連の帯状の切屑が連続して生成する。先割れが発生する原因は，刃先の進行により，刃先斜め前方に，繊維方向に対して直角に近い方向に，剪断すべりが発生しようとすると同時に，刃先の切削線上に沿って，横引張り作用による先割れも発生する。木材を繊維方向に直角に剪断する破壊強度は，横引張り強度の5～6倍であるので，先割れによる破壊が選択される。

　流れ型切屑が発生する場合，切削力(水平分力)は切削中にほとんど変化せず，したがって，刃先の振動も少なく良好な切削面が得られる。しかし，切込み量

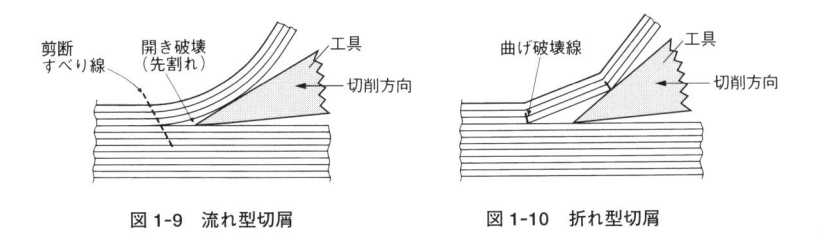

第3節　切屑の生成

図 1-9　流れ型切屑　　　　図 1-10　折れ型切屑

が大きくなると先割れの影響力が増して切削面は悪くなる。理想的には，先割れが発生しない条件で切削すれば，刃先で直接繊維細胞を切断することになり，最も良い切削面が得られる。例えば，縦切削における先割れの発生しない切込み量の限界は，針葉樹で 0.1 mm，広葉樹で 0.05 mm 近傍であるといわれている。[4]

3.2 折れ型

縦切削において，切削角，切込み量ともに中位の加工条件(例えば，切削角：50°，切込み量：0.2 mm)のときに発生する。折れ型(split type)切屑の縮み率はほとんどゼロである。このタイプは，フランツの分類の中の Type I [1] またはウォーカーとグッドチャイルドの分類の中の Riven type [2] に相当する。

折れ型切屑発生のしくみは次のとおりである。**図 1-10** に示すように，刃先が切込みを開始すると，まず刃先前方に先割れが発生し，切屑は工具すくい面上で片持ち梁のように曲げられる。さらに刃先が進行するにつれて，先割れが成長し，曲げモーメントが上昇する。これが限界値に達したとき先割れ基部が折断されて，一節の切屑が生成される。この後，刃先が先割れ基部に達すると，再び同様の経過で切屑の生成が繰り返される。このような発生状況から，切削力(水平分力)は周期的に変動を繰り返す不安定な状態を示す。

順目切削と逆目切削とでは，対称的な折れ型切屑の形態を示す。すなわち順目切削(cutting with grain)では，**図 1-11**(a)のように，先割れは刃先斜め上方(繊維方向に沿って切屑側に進入)に発生し，切屑は先細りとなり，先割れ基部は容易に曲げ破壊される。その後，削り残された部分は，切込み量の小さい状態で切削されるため良好な切削面が得られる。一方，逆目切削(cutting against grain)では，**図 1-11**(b)のように，先割れは刃先斜め下方(繊維方向に沿って母材内部に進入)に発生し，切屑となる部分は先太りとなる。先割れ基部は容易には折断され

(a) 順目切削　　　　　(b) 逆目切削

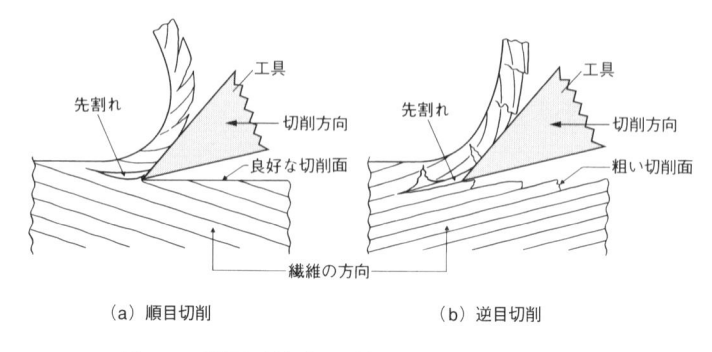

図1-11　順目切削と逆目切削における折れ型切屑

(a) 刃口元　　　　　(b) 裏金ランド面

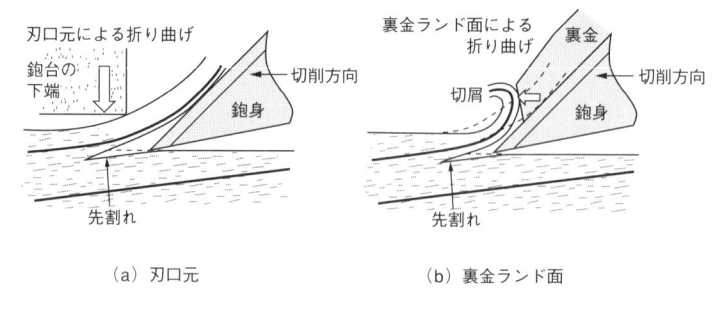

図1-12　平鉋における先割れ発生の抑制

ないが，曲げモーメントが限界値に達すると折断され，切屑は母材内部から大きく堀り取られて，いわゆる"逆目ぼれ"(chipped or torn grain)を起こし，切削面は著しく悪くなる．この逆目ぼれの発生を防止または小さくする方法を，平鉋による切削機構を例に挙げて説明する．図1-12(a)のように，刃口元により切屑を上部から押さえて折り曲げ，また，図1-12(b)のように，裏金ランド面で切屑を急激に折り曲げ，先割れの発生を防止または小さくして，逆目ぼれの発生を抑制する(図3-22参照)．水平刃口距離と裏金後退量が等しい値での逆目ぼれ水平長さを比較した場合，後者での長さが小さく，逆目ぼれ発生の抑制効果は裏金による方が優れているとする実験結果がある[5]．

3.3　縮み型

比較的軟らかい被削材を用いた縦切削において，切削角が大きい条件(例えば，切削角：70°)のときに発生する．工具すくい面前方に圧縮に基づく破壊が起

第3節 切屑の生成

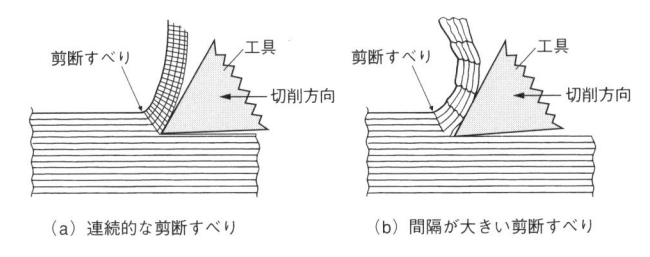

(a) 連続的な剪断すべり　　(b) 間隔が大きい剪断すべり

図 1-13　縮み型切屑

きて生成される形態である。縮み型(compressive type)切屑の縮み率は，ある実験例では30～40％と高い値を示す[3]。このタイプは，フランツの分類のTypeⅡ，TypeⅢ[1]またはウォーカーとグッドチャイルドの分類のPlastic type[2]に相当する。

　縮み型切屑発生のしくみは，図1-13のように，刃先の進行に伴い，切削角が大きいため，先割れが発生する代わりに，すくい面前方が強く圧縮され，次いで，工具刃先から被削材上面に向かって斜め上方に剪断すべりが発生する。この剪断すべりの発生形態として，図1-13(a)のように，切削の進行に伴って工具刃先から被削材上面に向かって剪断すべりが連続的に発生し，切屑がすくい面を流れるように生成する場合と，図1-13(b)のように，剪断すべりの間隔が大きく，切屑はすべり部分ごとに一塊ずつ縮み巻かれた形で生成する場合とがある。前者の場合が剪断型(shear type)切屑であり，フランツの分類のTypeⅡに相当し，金属切削の流れ型によく似た切屑生成形態である。後者はフランツの分類のTypeⅢに相当し，縮み型と呼ばれる場合が見受けられる。この縮み型切屑は，青山の分類(図1-18参照)[6]で用いられたもので，縦切削において切削角が中位以上で生成した折れ型以外の切屑形態を総称しているので，この縮み型切屑に剪断型，またはフランツの分類のTypeⅡ，TypeⅢなどを含めるのがよい。

　縮み型切屑が発生する場合，切削力(水平分力)は一般に大きく，また変動を伴うため，切削面は流れ型切屑が発生する場合よりかなり悪くなる。

　縦切削ではないので青山の分類の縮み型切屑に含まれないが，図1-14のように，繊維傾斜角の大きな順目切削において，特徴的な剪断すべりが発生する場合がある。刃先の斜め上方に剪断すべりを起こしながら，連続的に切屑が生成される形態であり，一般に，剪断角と繊維傾斜角とは一致する。これを連断

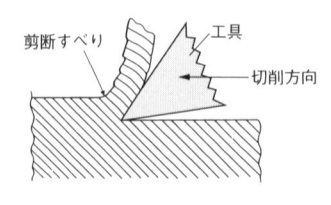

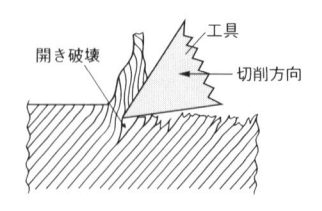

図 1-14　剪断型切屑　　　　　図 1-15　むしれ型切屑

型，または特別に剪断型切屑[7]と呼ぶ場合がある。

　この切屑が発生するしくみは，刃先が切込みを開始すると，まず工具すくい面前方部が徐々に圧縮され，その結果繊維に平行方向の剪断力を受けて容易に剪断すべりが起こる。次いで刃先の進行とともにこの圧縮による剪断すべりが，刃先のすぐ近くから一定の間隔を保って断続的に発生する。このような発生状況から，切削力(水平分力)は小さな変動を示し，力の変動と剪断すべりの数は一致する。切削方向が順目であるため，前述した折れ型切屑の順目切削の場合と同様，切削面は比較的良好である。チッパで一定厚さのパルプ用チップを製造する過程はこの切屑型によるものである。

3.4　むしれ型

　切れ味不良な工具による木口面切削や逆目切削において，切削角，切込み量ともに大きい加工条件(例えば，切削角：80°，切込み量：0.3 mm)のときに発生する。

　むしれ型(tear type)切屑発生のしくみは，次のとおりである。図 1-15 に示すように刃先直下では，刃先の進行により横引張り力が作用し，繊維方向に沿って下方に開き破壊が生ずる。また同時に，工具すくい面前方では，圧縮変形による曲げあるいは剪断破壊が母材内部の方向に発生する。その結果，切屑はむりやりに母材からむしり取られ生成する。このような苛酷な破壊現象を伴うため，切削力(水平分力)は大きく，力の変動も激しい。

　むしれ型切屑が発生する場合，切屑の変形が大きく，母材にも破壊痕を残すため切削面は著しく悪くなる。

3.5　複合型

　前項までの切屑は，縦切削から木口切削へ移行する過程で発生するが，この

切屑は，横切削(cutting perpendicular to grain)において，ちょうど簾(すだれ)が巻かれて行くような切削で，容易に母材から剥ぎ取られて生成される形態である。この場合，被削材の種類，切削条件の相異により流れ型，剪断型，折れ型の変形ないし複合型を示す。

複合型切屑発生のしくみは次のとおりである。切削角，切込み量がともに小さい場合には，切屑は工具すくい面上をスムースに流れる，いわゆる流れ型に近い形態を取る。この場合，工具は直接細胞を切断しているために切削面は良好である[8]。しかし，切込み量が大きくなると，**図1-16**に示すように，すくい面前方部で先割れと切削の曲げ破壊が生じ，切屑裏面に一定間隔の割れ(裏割れ)が刃先斜め上方に発生し，折れ型に似た形態を取る。このような発生状況から，切削力(水平分力)は，細かい波形状の変動を呈し，比較的小さい値を示す。

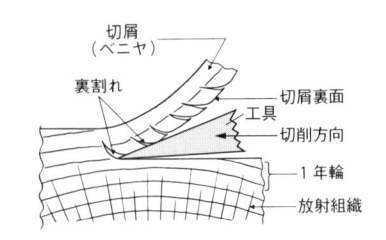

図1-16 複合型切屑

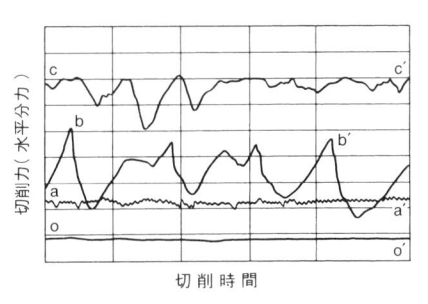

図1-17 切屑の型と切削力の関係[10]

a～a′(流れ型，ツガ)
　切削角：20°，切込み量：0.25 mm
b～b′(折れ型，ツガ)
　切削角：50°，切込み量：0.25 mm
c～c′(縮み型，アカマツ)
　切削角：70°，切込み量：0.50 mm
o～o′(基準線)

複合型切屑が発生する場合，切削面は悪い。とくに亀裂が母材側に侵入するときは，切削面は著しく悪くなる[9]。

切屑型と切削力(水平分力)の関係を**図1-17**に示す[10]。同図のように，切屑の型が異なると切削力の挙動は変化する。

3.6 加工条件と切屑の型

実際の切削加工においては，上記に示した切屑の型そのものが発生することは少なく，変形または複合した形態が多い。切屑の型は加工条件により変化す

るが，ここでは基本的な切屑の型と，加工条件との関連を説明する。

切削角，切込み量と切屑の型の関係[6]を，スギ気乾材の柾目面を縦切削した場合について述べる。図1-18に示すように，切削角が大きくなると，切屑の型は流れ型から折れ型へ，折れ型から縮み型へと移行する。切込み量が大きくなると，流れ型，縮み型は折れ型に移行するのが一般的である。

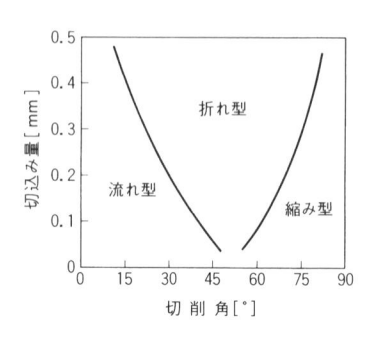

図1-18 切削角，切込み量と切屑型の関係[6]

切削速度と切屑の関係は，切削速度の増大により，切込み量は小さく，切削角が大きい場合では縮み型から軽い縮み型へ，切削角中位では軽い縮み型から流れ型へ移行する。切込み量，切削角がともに大きい場合では，圧縮ひずみを伴った折れ型から折れ型へ，切削角中位では流れ型，また，切削角が小さいと折れ型から軽微な割れを伴った流れ型へ移行する。[3]

●引用文献

1) N. C. Franz：``An analysis of chip formation in wood machining'', *Forest Prod. J.*, **5**(10), 332-336(1955)
2) K. J. S. Walker *et al.*：``Theory of cutting'', *Forest Prod. Res. Special Report*, 14, 1-25(1960)
3) H. Inoue *et al.*：``Effects of cutting speed on chip formation and cutting resistance in cutting of wood parallel to the grain'', *Mokuzai Gakkaishi*, **25**(1), 22-29(1979)
4) 山西謙二：``木材切削における先割れの研究(1)樹種による先割れの発生形態について'', 山形大学紀要(教育科学), **5**(2), 63-74(1971)
5) 山下晃功：``平かんなによる木材の平削り機構の研究'', 島根大学教育学部技術研究室研究報告, 53-54(1986)
6) 青山経雄：``木材切削の顕微鏡的観察'', 64回林学会大会講演集, 347-348(1955)
7) 坂井秀春：``木工刃物'', 日刊工業新聞社, 21-37(1958)
8) 林大九郎ほか：``横切削における切削面の微視的観察(第1報)— 放射組織斜行角の影響による切削抵抗とU型切断率について—'', 木材工業, **26**(7), 17-23(1971)

9) 林大九郎ほか：“木材の切削機構に関する基礎的解析 ― 縦切削における切屑の変形 ―”, 木材工業, **27**(5), 20-23(1972)
10) 中村源一ほか：“木材の削り抵抗について”, 林業試験場研究報告, No. 93, 69-87(1957)

一口メモ

鋸の起源

　人類は先史以来，様々な道具の使用によって文明を発展させてきた。そのなかで鋸は，物を分割するための道具として，石器時代から今日まで，基本的な形態を変えずに，連綿と使用されてきた数少ない道具の一つである。

　細い棒やロープを切断したいとき，適度な凹凸のある岩の角などにこすりつけて断ち切ることは，我々が今でもしばしば経験することである。このような発想に基づくと考えられる道具の起源は，少なくとも今から約6000年前の新石器時代にさかのぼれる。それは，三日月状にした硬い石の縁に細かい歯を刻んだものであり，動物の解体などに使われたと考えられている。しかし，我々が今日目にする形の鋸の原形は，やはり金属器が使われるようになってからであり，紀元前2000～3000年の銅製および青銅製の鋸がエジプトで見つかっている。さらに鉄製の鋸は，紀元前約800年のものがメソポタミアで発掘されており，紀元前350年頃のギリシャでは，鋸歯に「あさり」を付けることも知られていた。すなわち，木材の加工に最低限必要とされる機能を備えた鋸は，西欧ではこの頃までに一応の発展を遂げ，その後用途に応じて分化していったものと考えられる。

　我が国でも，縄文時代および弥生時代の石鋸が見つかっているが，金属器としての鋸は4世紀の古墳から出土した鉄製のものが最も古く，青銅製の鋸は発見されていない。この鋸は単純な三角形の歯を付けただけのもので，木材の加工に使ったかどうか疑わしいが，6～7世紀になると「なげし」（三角歯の前後面を斜めに研ぐこと）や「あさり」を備えたり，鋸歯を柄の方に傾斜させたり，歯列の元と末で目の粗さを変えたりした鋸が現れ，縦挽きと横挽きの区別，日本独自の鋸の形態など，現在の鋸の基本的な形がこの頃には整いつつあったと考えられる。

第4節　切削と熱

4.1　切削における熱の発生

切削によって消費されたエネルギー(切削エネルギー)は，一部は仕上げ面および切屑中のひずみエネルギー，切削による新生面の表面エネルギーなどとして残留するが，大部分は熱に転化する(熱以外の形で残留するエネルギーの割合について木材切削では検討例がないが，金属切削では全エネルギーの1～3％程度とされている)[1]。これが切削熱(heat of cutting)と呼ばれるものであり，工具，切屑，仕上げ面を加熱してそれらに温度上昇を生じさせる。

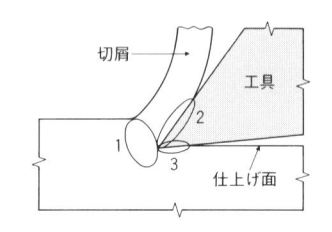

図1-19　切削における発熱領域
1：塑性変形域
2：すくい面と切屑の摩擦面
3：逃げ面と仕上げ面の摩擦面

切削における発熱領域(熱源)には，切れ刃前方で被削材の塑性変形などが生じる領域と，摩擦の場であるすくい面と切屑，および逃げ面と仕上げ面の接触面とがある(図1-19)。通常の金属切削(流れ型切削)では切削エネルギーの70％程度が剪断変形の仕事に消費される[1]ため，工具の切れ刃から伸びる剪断面で主に熱が発生し，これにすくい面での摩擦による発熱が加わる。一方，木材切削では被削材の変形に要する力は小さいが，切削速度が金属切削よりも2桁程度大きいため，通常の切削条件ではすくい面と逃げ面での摩擦による発熱が最も重要になる。しかし，縮み型の切削では金属切削と同様の切屑の温度上昇が観察されており[2](口絵参照)，被削材の変形に伴う発熱も考慮しなければならない場合もある。なお，鋸挽きや穴あけのように工具が被削材中に侵入していく場合は，切屑の生成に直接関係しない工具部分と仕上げ面の摩擦による発熱も生じ得る。

切削熱の問題では，工具のみならず切屑と被削母材をも含めた温度(切削温度，cutting temperature)を考えねばならないが，木材切削ではこのような温度について検討した例が少ないため，切削温度といえば工具温度(tool temperature)を指すことが多い。

4.2 工具温度

　工具の温度は二つの面から注目される。その一つは刃先(ここでは切れ刃とその周辺部を含めた領域とする)の温度上昇による工具摩耗の促進であり，もう一つは工具本体に生じる不均一な温度分布による工具の不安定化である。前者は工具材料の高温における硬さの低下や熱劣化に関係し，そこで問題になるのは刃先の温度上昇や温度分布である。木材切削工具の摩耗と温度の関係についてはまだ不明な点が多いが，工具温度に関する研究の多くはこの観点から行われている。工具の不安定化は工具本体の熱膨張や熱応力に関係し，いわゆる丸鋸の熱座屈や帯鋸の座屈強度の低下として現れる。そこでは丸鋸の半径方向や帯鋸の幅方向の温度分布が問題になる。

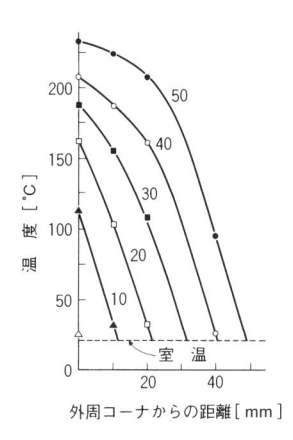

図1-20　穴あけ中のドリルの軸方向温度分布[3]

図中の数字は穴あけ深さを示す。
ドリル：直径13 mmのストレートシャンクドリル，被削材：ブナ，回転数：1248 rpm，1回転当たりの送り量(送り)：0.117 mm/rev

(1) 工具の温度上昇機構

　切削中の工具では切屑および仕上げ面との接触面から刃先に熱が供給されるとともに，そこから刃部全体，工具本体へと熱伝導によって熱が拡散し，さらにその過程で周囲の空気への熱伝達などによって工具から熱が失われる。したがって，工具温度の問題は境界における熱の授受を考慮に入れた定常または非定常の熱伝導問題(heat conduction problem)を解くことに帰着し，温度分布は接触面から単位時間に供給される熱量，接触面の大きさ，熱の供給が持続する時間，工具の形状と熱物性値，雰囲気の温度や流速などに依存する。

　工具温度の時間変化は工具への熱の供給の態様すなわち切削方式に依存する。旋削や穴あけのように工具の切れ刃が連続して切屑を生成する場合は，工具各部の温度は常に接触面で最高温度を示しながら単調に上昇し(**図1-20**)，接触面に近いところでは定常とみなせる状態に達する。一方，回転削りや鋸挽きのようにそれぞれの刃が断続的に切屑を生成する場合は，それらの刃先は短い

周期の断続的な熱の供給に応じた温度の上昇と下降を繰り返すが(図1-21)，工具本体は緩やかな温度上昇のみを示す。このとき，周期的な温度変化を示す領域は個々の刃が被削材に食い込んでいる時間が短いほど狭く，木材切削のように数ミリ秒程度であれば接触面から1mm以下の範囲になる。

切屑の生成に伴って発生した熱がどのような割合で工具，切屑，仕上げ面に流入するかは，それらの温度上昇に直接関係する問題である。金属切削では，一般に切削速度が高くなると切屑に流入する熱量の割合が増え，高速切削では大部分の熱量が切屑とともに持ち去られる[1]。これに対して，木材切削では工具表面における摩擦が主たる熱源であり，被削材の熱伝導率が工具に比べて極めて小さいため，工具に流入する熱量の割合は金属切削の場合よりもかなり大きい。

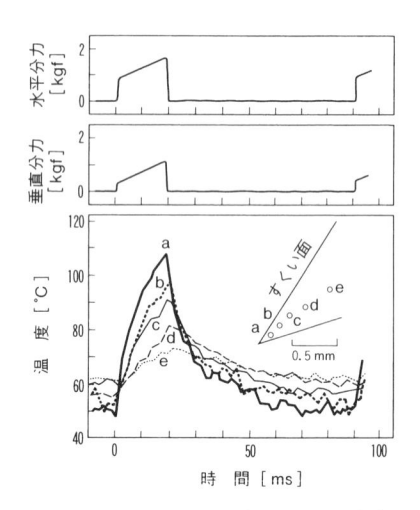

図1-21 断続切削時の鋸歯側面の温度[4]

鋸歯：超硬合金($\alpha=15°$, $\beta=40°$)
被削材：ブナ，切削速度：5.4 m/s
切込み量：0.043 mm，室温：20℃

(2) 工具温度の測定

木材切削では，工具が高速で運動することが多いこと，顕著な温度上昇を示すのは刃先の微小な領域であること，乾燥した木材は電気的な絶縁体であるため金属切削で一般的な工具—被削材熱電対(tool-work thermo couple)法(工具と被削材で熱電対を構成して両者の接触面の温度を測定する方法)が使えないことなどにより，工具温度とくに刃先温度の測定は一般に難しい。

工具温度の測定に古くから使われているのは，熱電対(thermo couple)や測温抵抗体(resistance temperature sensor)を工具に押し付けたり，接着や溶接したりする方法である。これは簡便であるが，測定のために工具の運動を停止させる必要があったり，素子の熱容量によって温度場の乱れや応答の遅れが生じたりするため，切削中の工具や刃先の温度を正確に測定するのは難しい。しかし，極めて細い熱電対を用いれば，温度場を乱さない高応答の測定も可能である。例

えば，極細線の熱電対を用いた測定では，32.4 m/sの速度で長さ480 mmの木材を切削する間にすくい面直下が500℃近い温度まで上昇することが明らかにされている[5]。また，図1-20は線径0.1 mmの熱電対をドリルに溶接し，穴あけの進行に伴うドリルの軸方向温度分布の変化を求めたものである。

対象からの熱放射を利用する放射温度計(radiation thermo meter)を用いると，温度場を乱さずに工具の温度を非接触で測定できる。とくに，赤外線を直接検出する素子を使った装置であればかなり高応答の測定もできる。図1-21は，微小面(直径0.035 mm)の温度が測定できる装置(赤外線放射顕微鏡)を用いて，単一鋸歯で断続二次元切削したときの鋸歯側面の5点の温度を測定したもので，温度の時間変化から刃先は断続切削の1周期内に顕著な温度の上昇と下降を示し，この温度変化は切れ刃から離れるにしたがって小さくなることがわかる。これと同じ装置で，切削速度が20 m/sのときに鋸歯の切れ刃近くは200℃前後を極大値として100℃の幅で変動すること[6]，カッタの刃先側面の切削中の温度が約300℃(切削速度57 m/s)に達すること[7]，丸鋸では中心から外周に向かって指数関数的に温度が上昇すること[8]などが明らかにされている。

赤外線放射を利用して物体表面の温度を画像化するサーモグラフィ装置(thermal imaging camera)を用いると，工具ばかりでなく切屑と母材を含めた切削系の温度分布を測定できる。口絵は，極めて低速(0.5 m/min)で二次元縦切削したときの切削系の熱画像と温度分布を切削型ごとに示したもので，流れ型と折れ型に比べて縮み型(フランツのType Ⅱ)での切屑の温度上昇が極めて大きいこと[12]，折れ型では切屑が折れた部分の温度上昇が顕著であること，縮み型での最高温度は切れ刃から少し離れたすくい面と切屑の接触面近くに現れること，切れ刃が通過した後の仕上げ面(母材)にも温度上昇が認められることなどを示している。

切削中に工具が到達した最高温度や温度分布を温度測定以外の方法で求める方法として，切れ刃を横切って二分割した工具の断面に蒸着した物質の溶融領域の観察[9]，切削前後における工具切れ刃近くの硬さ測定(焼入れした工具鋼の焼戻し温度と硬さの関係を利用)などが試みられている。後者の方法により，周刃フライスの切れ刃近くでは370～380℃(切削速度44 m/s)[10]，穴あけ用ビットのけづめでは460℃(周速3.1 m/s)[11]の温度に達することが推定されている。また，高速度

工具鋼とステライトの高温硬さの違いと，両者の刃先摩耗量の比較から，切削速度 20～25 m/s で刃先の表面は少なくとも 550 ℃ に達すると推定されている[10]。さらに，MDF(中質繊維板)を切削した超硬工具と高温処理された超硬合金の表面形態および表面成分の比較から，刃先は 1000 ℃ またはそれ以上の温度まで上昇していることが示唆されている[12]。

以上のような温度の測定および推定から，通常の木材切削で工具の刃先が 500 ℃ 以上の温度に上昇していることは確かであるが，それぞれの切削条件における最高温度や温度分布の詳細については今のところ不明である。この点は切屑と母材を含めた切削系における発熱と熱の移動を考慮した数値解析[13]などによって検討する必要がある。

(3) 工具温度に影響を及ぼす因子

工具温度に最も大きな影響を及ぼすのは切削系における単位時間当たりの発熱量であり，これは切削力(主分力)と切削速度の積すなわち切削仕事率(切削動力，cutting power)に依存する。したがって，切削力および切削速度が大きくなれば工具の温度は一般に高くなる。ただし，切削力が同じ場合でも切削角，逃げ角，切削型，切れ刃の摩耗状態などによって工具と切屑および仕上げ面の接触状態が異なれば当然切れ刃近傍の温度分布は異なってくる。木材切削は，切削力は比較的小さいが高速切削であるため，切削仕事率は金属切削と同等あるいはそれ以上になり，木材切削でも金属切削と同程度の温度上昇が生じ得る。

工具側の条件では工具材料の熱物性値，刃先および本体の形状，被削材との接触面の性状などが工具温度に影響を及ぼす。工具表面で一定量の発熱がある場合，表面温度は熱伝導率(thermal conductivity)が大きい工具ほど低く(厳密には熱浸透率((熱伝導率×密度×比熱)の平方根；thermal effusivity)に反比例する)，定常状態であれば工具内の温度傾斜も緩やかになる。そのため，高速度工具鋼よりは超硬合金の方が温度は低い。また，非定常のときの工具内の温度分布は温度伝導率(＝熱伝導率/(密度×比熱)；thermal diffusivity)に左右される。工具の形状では工具の熱容量と表面積の関係が問題になり，刃先角の小さい工具では刃先の温度上昇が大きいが冷却も速い。帯鋸や丸鋸では本体が薄肉鋼板のため，歯に近いところの温度は上昇しやすいが，鋸身全体の温度はそれほど高くならない。ドリルでは，独特の切削形態をとることもあって，本体に熱がたまりやすく，

容易に高温になる。被削材と工具の摩擦係数(coefficient of friction)に関係するすくい面および逃げ面の性状(表面粗さ,材質など)も温度に影響を及ぼす。クロムめっきが工具寿命を延長させる理由の一つはクロムと木材の摩擦係数が低いことにあるとされている。なお,工具と被削材の不必要な摩擦を避けるための逃げ角,鋸におけるあさりの出などが適正に設定されていないと,当然工具の温度上昇も著しい。

　縮み型の切削では切屑がかなりの温度上昇を示し,工具温度にも影響すると考えられる。この点を明らかにするためには,いままでほとんど明らかにされていない木材の変形と温度上昇の関係についての検討が必要である。

　工具温度は工具表面から周囲の空気への熱伝達および環境への放射によって失われる熱量にも影響される。このうち空気へ伝えられる熱量を決めるのは工具表面での熱伝達率(coefficient of heat transfer)と気温であり,熱伝達率は気流の速度が速くなれば一般に大きくなる。例えば,丸鋸では回転数が高くなると供給される熱量も多くなるが,その一方で失われる熱量も多くなり,両者のバランスによって鋸の温度が定まる。また,帯鋸では鋸車への熱の移動による温度低下もある。

4.3　切屑および仕上げ面の温度上昇とその影響

　木材の強度は温度とともにほぼ直線的に低下するため,他の条件が変化しなければ被削材の温度が高いほど切削力は小さい。木材切削における切屑や仕上げ面の温度については,低速切削の場合[12]を除いてほとんど知見が得られていないが,切削熱によって被削材の温度が上昇し,それによって切削力が低下することはあり得る。すなわち,被削材の温度が切削速度とともに上昇するとすれば,切削力は速度とともに低下するはずである。しかし,切削速度が高くなると切屑の変形抵抗が増大する現象(ひずみ速度効果)などがあるため,実際には必ずしもそのようにはならない。

　木材切削で刃先温度が少なくとも500℃に上昇するということは,切屑と仕上げ面もその温度まで上昇していることを意味し,それらと工具が接触している面ではさらに高い温度まで上昇している可能性がある。このような温度は木材の発火点を越える温度であり,木材を熱分解させるには十分な温度である。実際,木材成分が熱分解したと考えられる物質が切れ刃近くに強固に付着して

いることがしばしば観察される。通常の切削では加熱時間が極めて短いために，肉眼でわかるような変化が仕上げ面に現れることはないが，何かの原因で被削材や工具の送りが停止または不調になり，仕上げ面の同じ場所が繰り返し摩擦される場合には仕上げ面に焼け(burning)が発生し，製品の品質を低下させたり，穴あけの場合はだぼの接着不良を引き起こしたりする。研磨布紙による研削では研削荷重が過度の場合や目づまりが発生した場合に仕上げ面の温度が上昇しやすく，焼けや表層の含水率低下による割れが発生する。

●引用文献

1) 臼井英治："切削・研削加工学(上)"，共立出版，133-151(1971)
2) 奥村正悟ほか："木材の穴あけ加工におけるドリルの温度"，木材学会誌，**33**(4)，274-280(1987)
3) S. Okumura *et al.*："Temperature distribution on the side face of a saw tooth in interrupted cutting I. Orthogonal cutting"，*Mokuzai Gakkaishi*, **29**(2), 123-130(1983)
4) A. Chardin："Laboratory studies of temperature distribution on the face of a saw tooth"，*Proc. 4th Wood Mach. Semin.* Richmond, California, USA, 67-84(1973)
5) 奥村正悟ほか："断続切削中の単一鋸歯側面の温度分布(第2報)みぞ切りの場合"，木材学会誌，**29**(2)，131-138(1983)
6) S. Okushima *et al.*："Temperature of cutter-cusp in wood cutting"，*Mokuzai Gakkaishi*, **15**(5), 197-202(1969)
7) S. Okushima *et al.*："Temperature distribution of circular saw blade measurement with infrared radiometric microscope"，*Mokuzai Gakkaishi*, **15**(1), 11-19(1969)
8) S. Tsutsumi *et al.*："Visualization of temperature distribution near the cutting edge by means of a vacuum deposition of thermoscopic film on matching surface of a split tool"，*Mokuzai Gakkaishi*, **35**(4), 382-384(1989)
9) 林　和男ほか："木材の周刃フライス削りにおける刃先近傍の工具温度の推定"，木材学会誌，**32**(8)，603-607(1986)
10) 番匠谷薫ほか："木材および木質材料の穴あけ加工における工具寿命(第7報)ビット摩耗におよぼす切削熱の影響"，木材学会誌，**33**(11)，857-864(1987)
11) H. A. Stewart *et al.*："High-temperature Corrosion of tungsten carbide from machining medium-density fiberboard"，*The Carbide and Tool J.*, **18**(1), 2-7(1986)
12) S. Okumura *et al.*："Thermographic temperature measurement of tool-chip-work system in slow-speed wood cutting"，*Proc. 11th Wood Mach. Semin.*, Honne, Norway, 41-55(1993)

第2章　木材の被削性

第1節　切削抵抗

　木材の被削性(machinability)，すなわちその木材が切削しやすいかどうかは，一般に(1)切削抵抗(2)工具寿命(3)切削面性状(4)加工精度などから判定される[1]。その中で，切削抵抗は切削動力を知るだけでなく，他の指標によって被削性を評価する際の基礎にもなり，極めて重要である。例えば，過大な切削抵抗は工具損耗を促進して工具寿命を短くするとともに，仕上げ面性状を悪化させる。また，加工機械の静的・動的剛性によってはびびり振動を誘発し，加工精度にも影響する。このように，加工機械の所要動力の計算，工具や治具の設計，最適切削条件の決定などの基礎となるものであるが，最近では切削抵抗の平均値(静的成分)に加え，その変動成分(動的成分)が切削現象に関する有用な情報を含むことから，加工の高精度化，切削状態の監視や制御の観点からも注意が払われるようになっている。

1.1　切削抵抗の構成要素

　切削抵抗(cutting resistance)を構成する要素としては，(1)変形抵抗(2)分離抵抗(3)摩擦抵抗(4)排出抵抗を挙げることができる[1]。変形抵抗は切込み部分およびその近傍の材が工具で変形されるのに抵抗する力であり，切削抵抗の大部分を占める。分離抵抗は切屑と母材が分離されるのに抵抗する力であり，木材切削では金属切削に比べこれの占める比率が大きい。摩擦抵抗は切屑と工具すくい面あるいは母材と工具逃げ面との間のすべりに抵抗する力であり，排出抵抗は切屑の排出の際に工具の運動を妨げる力である。

　一般に変形抵抗は切削角や切込み量の影響を受け，刃先の鋭利さに無関係で

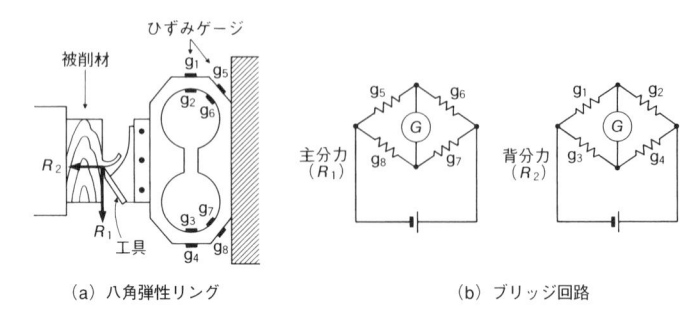

図 2-1　ひずみゲージを用いた 2 分力動力計の例

(a) 八角弾性リング　　(b) ブリッジ回路

あるのに対し，分離抵抗は切削角や切込み量に無関係で主に刃先の鋭利さに支配される。したがって，木材切削では金属切削に比べると刃先の鋭利さが切削抵抗の重要な役割を果たすと考えられる。

1.2　切削抵抗の分力

切削抵抗はその大きさと作用方向が被削材，工具および切削条件によって複雑に変化する。したがって，直交座標系を設定し，2ないし3分力に分解して切削抵抗を取り扱うことが多い。二次元切削では切削方向の分力である水平分力(主分力)R_1とそれに垂直な方向の分力である垂直分力(背分力)R_2を考え(図2-1)，三次元切削では上記の水平分力，垂直分力に加え，仕上げ面内で切削方向に直角な方向の分力である横分力(旋削などでは送り分力とも呼ばれる)を対象にする。

切削抵抗の3分力のうち，水平分力はその値が最も大きく，垂直分力や横分力は水平分力に比べると小さい。したがって，被削性の良否を判定するにも，機械の所要動力を決定するにもまず問題となるのはこの水平分力(単に切削抵抗という場合はこれを指す)である。

1.3　切削抵抗の測定

切削抵抗は工具動力計(切削動力計；tool dynamo meter)を使用して測定される。この動力計の具備すべき基本的特性には，①入力に対して高い感度を有すること，②大きい静的，動的剛性を有すること，③各分力の測定において相互干渉が小さいこと，④入力に対する出力の直線性が高いこと，⑤時間，温度，湿度に対して安定であること，などが挙げられる。しかし，これらの内，例えば感

度と剛性は相反する特性であり，し
たがって，測定に応じた適切な動力
計を選ぶ，あるいは製作することが
必要である。

動力計の種類は各種あるが，以下
では代表的な測定法を示す。

(1) ひずみゲージ法(弾性変形法)

負荷に応じて歪んだ抵抗線の電気
抵抗変化をブリッジ回路で測定する
方法であり，比較的使用法が簡単
で，汎用性に富む(図 2-1)。

(2) 圧電素子法

ある種の結晶体(水晶，チタン酸バ
リウムなど)に特定方向の圧力を加え
変形させると，その表面に電荷が発

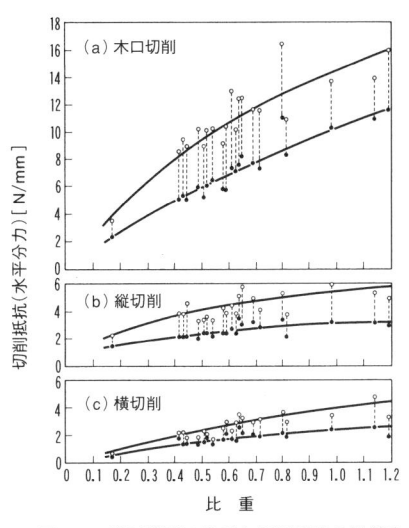

図 2-2 供試樹種の比重と切削抵抗の関係[2]
●：未摩耗刃，○：摩耗刃，逃げ角 10°
切削角：55°，切込み量：0.1 mm

生する。この性質を圧電効果といい，生じた電荷の量は加えた圧力に比例する
ので，この現象を切削抵抗の測定に利用できる。

(3) ワットメータ法

主軸モータの電流値や電力値を測定して，切削抵抗に換算する間接的な方法
である。伝達系のノイズや減衰などが避けられないが，その実用性や簡便性に
よりインプロセス測定や切削加工システムの監視に使用される。

1.4 切削抵抗と被削材条件

切削抵抗に及ぼす被削材因子には，樹種，比重，含水率，温度，年輪幅，節
などを挙げることができる。ここでは，それらの内，代表的な因子の影響につ
いて述べる。

(1) 樹種(比重)

鋭利な刃と摩耗刃の両工具を用い，多数の樹種について木口，縦および横切
削を行った時の切削抵抗(水平分力)と供試樹種の比重との関係を 図 2-2 に示す[2]。
鋭利な刃，摩耗刃とも切削抵抗は樹種によって大きく異なるが，一般的には供
試樹種の比重の増加とともに直線に近い形で増大する。また，その増加率は縦

切削，横切削に比べ木口切削で著しい。このように切削抵抗が比重とともに大きくなるのは，木材の強度が比重に対して強い正の相関をもつことを反映したものである。

(2) 含水率

一般に，被削材の含水率の低下に伴い，切削抵抗は繊維飽和点付近から増加し始め，含水率10％前後で最大値を示したのち，全乾に向かってほとんど変わらないか，やや低下する(図2-3)[2]。これは，木材の引張，割裂などの強度と含水率の関係に一致する。

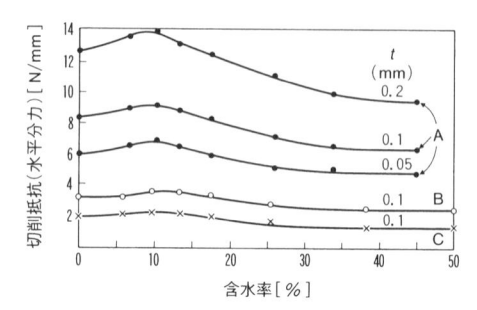

図2-3 被削材の含水率と切削抵抗の関係[2]
A：木口切削，B：縦切削，C：横切削，
t：切込み量，切削角55°，逃げ角10°

(3) 温 度

一般に，被削材の温度の増加に伴い切削抵抗は減少する[2]。

1.5 切削抵抗と工具条件

切削抵抗に及ぼす工具条件として，工具材種，工具に係わる角度，形状や寸法などが考えられる。工具刃先の鋭利さが切削抵抗に影響することはいうまでもないが，工具材種は本質的因子でなく，工具材種による研削の難易や摩耗性の差異の結果として影響する間接的因子である。そこで，ここでは切削角，逃げ角およびバイアス角など，工具に係わる角度と切削抵抗の関係について述べる。

(1) 切削角

縦切削と木口切削における切削抵抗と切削角(cutting angle)の関係を 図2-4 に示す[3]。切削角の増加により，縦切削では流れ型切屑が折れ型から縮み型へ，木口切削では剪断型(連断型)がむしれ型へ移行し，いずれも切削抵抗は増大する。とくに，切削角50～60°から急増し，その増加率は切込み量が大きいほど顕著である。なお，木口切削では切削角30～40°で最小値を示すが，これは切削角が小さいと工具剛性が低下し，実質上の切削角や切込み量が増加するためである。また，垂直分力は切削角の小さい範囲では正の方向(被削材が工具を引き込む

第1節　切削抵抗

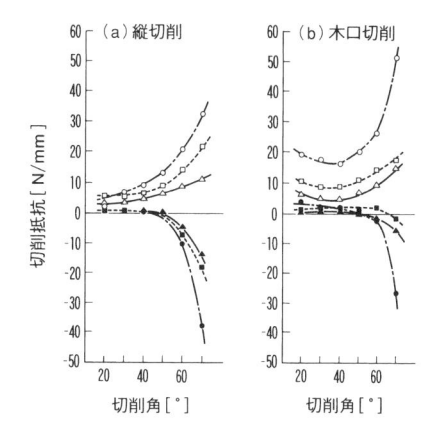

図 2-4　切削角と切削抵抗の関係（アカマツ）[3]

方向)に，大きい範囲では負の方向（被削材が工具に反発する方向)に作用し，切削角 50°付近に臨界切削角(critical cutting angle)の存在が認められる。

(2) 逃げ角

逃げ角(clearance angle)が過小の場合は繊維の弾性回復のため母材と刃先の逃げ面が摩擦し，切削抵抗は増加する[2](図2-5)。とくに，縮み型切屑の生成，刃先の切れ味不良，木口切削の繊維のはね返りなどの場合に顕著となる。一方，逃げ角が過大の場合も工具剛性が低下し，切削抵抗は増大する[2](図2-5)。したがって，逃げ角の適値が存在し，平削りでは 5°前後，鋸挽きや回転削りではこれより大きいとされている。

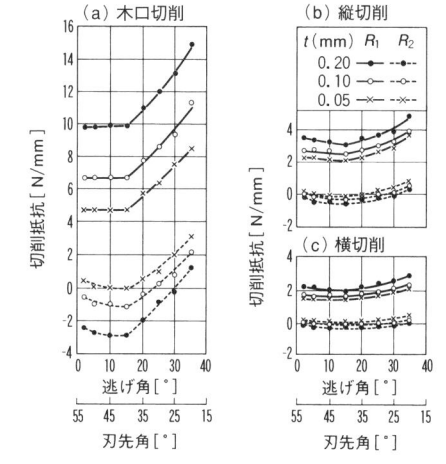

図 2-5　逃げ角と切削抵抗の関係（すくい角 35°一定）[2]

R_1：水平分力，R_2：垂直分力，t：切込み量

(3) バイアス角(横すくい角)

傾斜切削(三次元切削，oblique cutting)では次の3種類のすくい角(rake angle)が考えられる(図2-6)。

1) 垂直すくい角(γ_n) … 切れ刃に直角な平面内で測ったすくい角(normal rake angle)
2) 速度すくい角(γ_v) … 切削速度の方向に平行で,仕上げ面に垂直な面内で測ったすくい角(velocity rake angle)
3) 有効すくい角(γ_e) … 切削速度の方向と切屑流出方向を含む面内で測ったすくい角(effective rake angle)

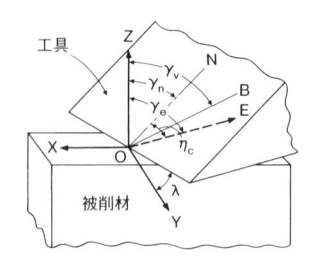

図 2-6 三次元切削におけるすくい角と切屑流出角
ON:切れ刃に直角な方向,
OB:切削速度の方向,
OE:切屑流出方向

有効すくい角(γ_e)と垂直すくい角(γ_n)の関係は次式(2-1)となる。

$$\sin \gamma_e = \sin \eta_c \sin \lambda + \cos \eta_c \cos \lambda \sin \gamma_n \tag{2-1}$$

ここで,λ:バイアス角(bias angle),η_c:切屑流出角(工具すくい面上で測った切れ刃に垂直な線に対する切屑流出方向の傾き角;chip flow angle)。

傾斜切削では $\eta_c \fallingdotseq \lambda$ の Stabler 則が成立し,木材切削においてもその成立が確認されている[4]。

したがって,

$$\sin \gamma_e = \sin^2 \lambda + \cos^2 \lambda \sin \gamma_n \tag{2-2}$$

傾斜切削では,バイアス角の増加に伴い,上記(2-1)あるいは(2-2)式より明らかなように,①有効すくい角が増加し,切れ刃が鋭利に作用することがわかる。また,②工具のすくい面が傾斜するため,切屑が横方向にも変形し,変形抵抗が増加または減少する,③切れ刃に対する繊維の配列方向が変化する,などの要因が加わる。

その結果,常用の 0～60°の間では,バイアス角の増加に伴い,水平分力は,木口切削では①の効果により低下する。縦切削では①の効果に加え,③による

横切削の要素の占める割合が大きくなり，著しく低下する。横切削では①の効果によりはじめ低下するが，③による縦切削の要素の占める割合が大きくなるため，最小値を示したのち増加する(図2-7)[5,6]。なお，バイアス角がさらに増加すると，切れ刃切削幅の増大作用によって縦切削も最小値を示したのち増加し[7]，また切込み量が大きく，切削角の小さい単板切削では上記と異なる傾向が報告されている[8]。一方，バイアス角の増加に伴い，垂直分力はやや増加する傾向があり，横分力はいずれも明確に増加する。

1.6 切削抵抗と切削条件

(1) 切込み量

切込み量(depth of cut)が大きくなると，切削断面積(切削幅×切込み量)が増加し，切屑の生成形態も折れ型や縮み型へと変化するため，切削抵抗は増大する。この増加傾向ははじめ直線的に，以後は漸増する(図2-8)[9]。

切削断面積を A，切削抵抗(水平分力)を R_1 とすると，単位断面積当たりの切削抵抗 K_s は $K_s = R_1/A$ と表され，これを比切削抵抗(specific cutting resistance)と呼ぶ。比切削抵抗は切削抵抗を取り扱うときの一つの基準単位であり，この数値は単位体積を切屑として除去するに要する切削仕事量に相当する。この比切削抵抗は切込み量が小さくなると極めて大きくなる，

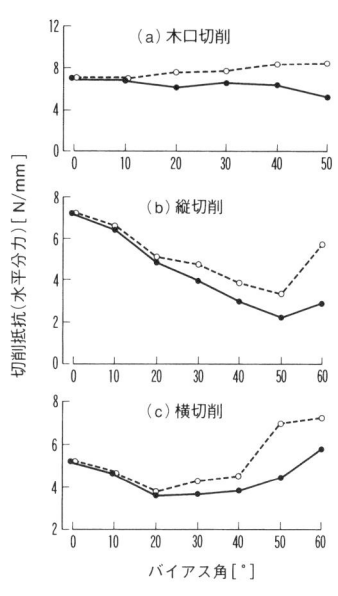

図 2-7 バイアス角と切削抵抗の関係 [5]

○：被削材の単位幅当たりの水平分力
●：切れ刃の単位当たりの水平分力

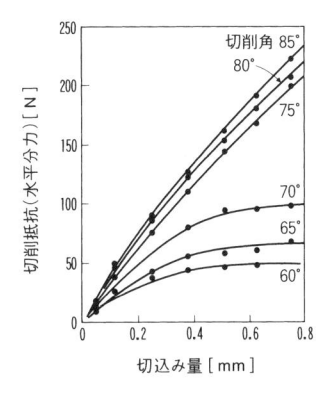

図 2-8 切込み量と切削抵抗の関係 [9]

被削材：シュガーパイン(含水率8％)
切削幅：6.4 mm

いわゆる寸法効果(size effect)(図2-9)を示し，両者の関係は両対数座標上で直線となる($K_s = \alpha t^{-\beta}$，t：切込み量，α，β：定数)ことが知られている[10]。なお，比切削抵抗の寸法効果については，切込み量が小さくなると，①刃先丸みの大きさが無視できなくなり，実質すくい角が減少する。②逃げ面接触が無視できなくなり，摩擦力が付加され，見掛け上の切削抵抗を大きくするなどが考えられる。

(2) 切削方向

被削材の繊維走行に対する切削方向の変化は切削抵抗に大きく影響する。

繊維傾斜角が変化すると[11](図2-10)，切削抵抗は逆目角度10°付近で最小値を取り，この角度から逆目側では急増する。この最小値はこの角度において切込みが容易で刃先の上滑り現象が起こりにくいためと考え

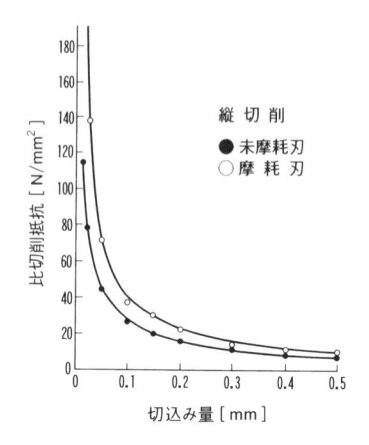

図2-9 切込み量と比切削抵抗の関係[2]
切削角：55°，逃げ角：10°

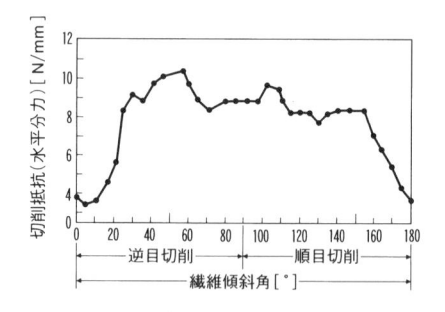

図2-10 繊維傾斜角と切削抵抗の関係[11]
被削材：ベイマツ，切込み量：0.215 mm
切削角：60°，切削速度：11.8 m/s

られる。そして，木口切削に達する前の逆目角度で最大値を示すが，これはこの逆目角度における折れ型切屑の曲げ破壊に対する抵抗が90°より大きいためである。

一方，順目側では，切削抵抗は順目角度の増加とともに増加するが，30～40°付近では剪断型の切屑が生成されるため一度増加率が減少し，その後木口切削に近づいて再び増大する。

木理斜交角0°の縦切削から90°の横切削に移るに伴い，切削抵抗は低下する。年輪接触角0°の板目面切削と90°の柾目面切削の切削抵抗には大きな差は

なく，追柾面で最大値を示す。

(3) 切削速度

切削速度と切削抵抗の関係は切削方式や切削条件により異なる傾向を示し，切削速度の増加に伴い切削抵抗があまり変わらない場合[2]と低下する場合[12,13]が認められている。平削りの測定例(図2-11)では，切込み量が小さい場合やすくい角の大きい場合には切削速度の影響をあまり受けないが，切込み量が大きく，しかもすくい角が小さい場合には切削抵抗は切削速度の増加に伴い低下している。この切削速度の違いによる切削抵抗の変化は，切屑生成機構の変化と密接に関連すると考えられる。

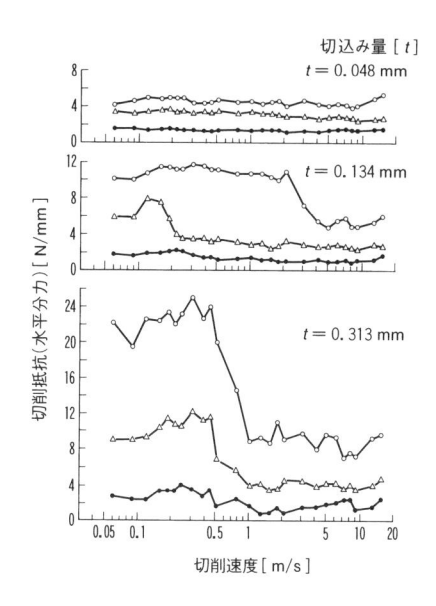

図 2-11 切削速度と切削抵抗の関係 [12]

被削材：タイワンヒノキ，
すくい角○：15°，△：30°，●：50°

● 引用文献

1) 枝松信之ほか：“製材と木工"，森北出版，202-210(1963)
2) E. Kivimaa："Die Schnittkraft in der Holzbearbeitung", *Holz Roh- Werkst.*, **10**, 94-108(1952)
3) 中村源一ほか："木材の削り抵抗について"，林業試験場報告，No. 93, 69-87 (1957)
4) 尾崎士郎ほか："木材の三次元切削に関する研究(第2報)切屑流出角について"，木材学会誌，**31**(1)，43-46(1985)
5) 浜本和敏ほか："木材の低周波振動切削に関する基礎的研究(第4報)横振動切削における有効すくい角と切削力の関係"，木材学会誌，**18**(8)，387-392 (1972)
6) 尾崎士郎ほか："木材の三次元切削に関する研究(第1報)縦切削および横切削における切削力について"，木材学会誌，**28**(5)，284-294(1982)
7) 杉山　滋："木材の三次元縦切削における切削力と摩擦係数の変動"，木材学会誌，**30**(10)，819-826(1984)

8) 木下叙幸:"木材の3次元切削(第1報)たて切削において切削力に及ぼすバイアス角,切込み深さの影響",木材学会誌,**26**(4),241-247(1980)
9) N. C. Franz:"An analysis of the wood-cutting process", Ph.D.thesis, The University of Michigan Press, Ann Arbor(1958)
10) 森 稔:"木材の周刃フライス削りにおける切削仕事量の解析(第1報)上向き・縦切削の1刃あたりの仕事量について",木材学会誌,**15**(3),93-98(1969)
11) 森 稔:"木材の周刃フライス削りにおける切削仕事量の解析(第3報)ルータビットのくり抜き加工における切削力の変動",木材学会誌,**17**(10),437-442(1971)
12) 井上裕之ほか:"木材の縦切削における切削速度が切り屑形成と切削抵抗におよぼす影響",木材学会誌,**25**(1),22-29(1979)
13) 林 和男ほか:"周刃フライス削りにおける工具摩耗と切削速度の関係,生材切削における工具摩耗形態・切屑形態・切削抵抗について",木材学会誌,**34**(2),100-111(1988)

一口メモ

押して切る,引いて切る

われわれが手鋸で木材を切る時,鋸を引いて挽く。ところが欧米では押して挽く。今から80年ほど前にドイツの技術史家フェルドハウスは極東のあるところから向こうでは自分達の文化圏とは正反対の運動方向をもつ文化圏が存在するとして,鋸の運動方向,磁石の方位(これは中国の指南車のことをいっているらしい)や,ねじの締めつけ方法などをその例として挙げている。中国では鋸は押して挽いているが,朝鮮半島では引いて挽く。そうすると彼のいう境界線は鋸の場合,鴨緑江や豆満江あたりということになる。中国語は欧米語と同じように主語,述語,目的語と並び,朝鮮語や日本語は主語,目的語,述語と並ぶ。このように語順の逆転と鋸の運動方向の逆転はその境界を同じにしている。

第2節　工具寿命

工具(刃物)は，切削の継続によって次第に刃先が損耗(損傷，摩耗)し，切削面性状の劣化と切削抵抗の増加をきたし，ついには使用に耐えられなくなる。そして，その工具は交換されるか，再研磨を施されることになる。一般に，工具の交換あるいは再研磨までの削り得る切削材長，あるいは切削時間を工具寿命と呼ぶ。この工具寿命は，まず第一に工具材種に強く支配され，つぎに被削材や切削条件の影響を受ける。

2.1　刃先損耗の形態

(1) 摩耗(wear)

刃先の摩耗は切屑との接触部で漸進的に工具材料が損失する現象であり，その形態はすくい面摩耗(face wear)と逃げ面摩耗(flank wear)に分けられる。刃先の摩耗量は，刃先の後退量や摩耗各部の幅などの長さの次元で評価するのが普通である(図 2-12)。

(2) 損傷(failure)

刃先の損傷は突発的に発生するのが特徴であり，前駆現象をほとんど伴わないか，またはそれを検出するのが極めて困難である。これは，脆性破壊機構による欠けとも呼ばれ，規模が異なるチッピング(chipping)，欠損および破損(fracturing)などがある。

2.2　刃先損耗の経過

刃先損耗の経過の一例を 図 2-13 に示す[1]。切削初期には，研磨された鋭利な

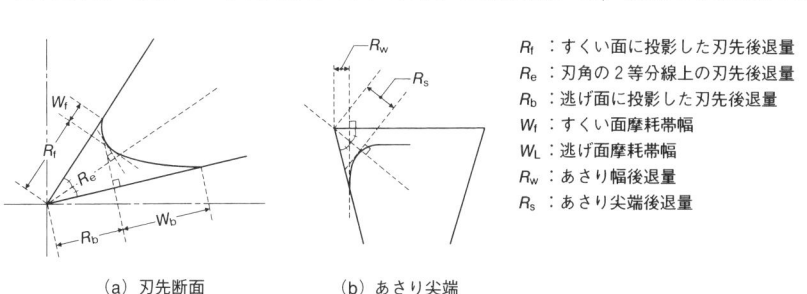

R_f：すくい面に投影した刃先後退量
R_e：刃角の2等分線上の刃先後退量
R_b：逃げ面に投影した刃先後退量
W_f：すくい面摩耗帯幅
W_L：逃げ面摩耗帯幅
R_w：あさり幅後退量
R_s：あさり尖端後退量

(a) 刃先断面　　(b) あさり尖端

図 2-12　刃先断面およびあさり尖端の各種摩耗量

刃先に切削抵抗が集中的に加わるので，刃先には微細な欠け(チッピング)を生じ，刃先摩耗も急速に増大する。この期間(Ⅰ：初期摩耗領域)は切削面の粗さも不安定で，切削抵抗の増加も著しい。

ついで，刃先は次第に大きな刃先丸みを形成し，刃先摩耗の増加率は緩やかとなる。すなわち，切屑との摩擦によるすくい面摩耗と母材の弾性回復による逃げ面摩耗が進行し，工具は次第に鈍化する。

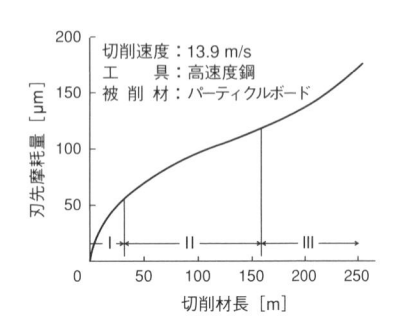

図 2-13 切削材長に伴う刃先摩耗量の変化[1]

この期間(Ⅱ：定常摩耗領域)は加工面の粗さも切削抵抗もともに安定している。

そして，刃先摩耗がさらに進行すると，切削抵抗が著しく増大し，切削温度も急激に上昇するようになる。その結果，刃先摩耗は急増し，工具は遂に使用できなくなる(Ⅲ：急速摩耗領域)。

2.3 木材切削工具の摩耗機構

木材切削工具の摩耗機構は，高速切削に伴って出現する熱的作用による摩耗を二次的なものと見れば，力学的作用によるものと腐食(化学的)作用によるものに大別できる。しかし，実際の摩耗機構はそれらが相互に影響し合っており，極めて複雑である。

力学的作用による摩耗(mechanical wear)には，主に次のような摩耗機構が挙げられる。

(1) アブレシブ摩耗(abrasive wear)

被削材である木材中に存在する無機物，とくにシリカ(SiO_2)や木質材料の接着剤などによって，切削工具が引っかき作用や切削作用を受けてすり減る摩耗をいう。

(2) 凝着摩耗(adhesion wear)

工具と被削材間の凝着作用に基づいて生ずる摩耗機構(疲労による摩耗粒子の脱落)である。

(3) チッピング(chipping)

機械的衝撃力によって生じる小さな刃の欠けをいう。

また，腐食作用による摩耗(corrosive wear)には，主に次のような摩耗機構が挙げられる．

(1) 化学的摩耗(chemical wear)

工具材料の構成元素が被削材成分または雰囲気成分と化学的反応を起こし，その反応生成物が除去されて生ずる摩耗である．

(2) 電気化学的摩耗(electro-chemical wear)

被削材を介して，工具と機械系の間や工具構成成分間においては，電位差が生ずる．低電位側では，構成成分が電子を失って被削材中にイオンとなって溶解し，いわゆる電気化学的反応(腐食反応)が進行する．

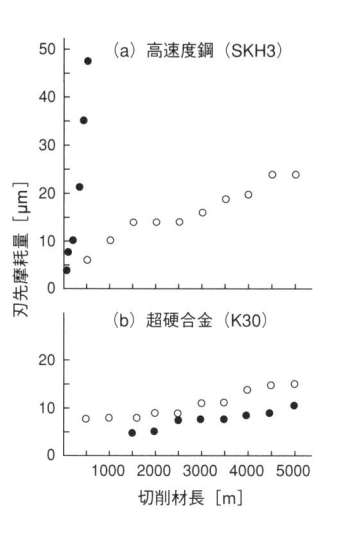

図2-14 刃先摩耗量に及ぼすシリカの影響と工具材種による違い[2]

○：バンキライ(高比重木材)
●：メラピ(シリカ含有木材)

なお，高速切削による熱的作用は，上記の各摩耗機構に大きな影響を及ぼすが，とくに高温下では併せて拡散摩耗(diffusion wear)なども生ずる．

2.4 工具摩耗と被削材条件

工具摩耗を促進させる被削材として，シリカ含有，高含水率および高比重の各木材と木質材料(複合材料)を取り上げる．

(1) シリカ含有木材

南洋材のホワイトメランチ類(マンガシノロ，メラピ)，カポール類，アピトン，クルイン類やアフリカ材には，シリカを多く含有し，これが工具摩耗を促進させることが知られている．このシリカによる工具摩耗の促進作用は鋼系統の比較的低硬度の工具材種において顕著であるが，超硬合金などの高硬度材種の場合ではあまり見られない(図2-14)[2]．

(2) 高含水率木材(特異な抽出成分含有樹種)

生材や高含水率木材の切削では，工具材種によっては腐食摩耗機構が支配的となる．したがって，図2-15のように，いずれの樹種においても生材切削の

高速度鋼ビットの摩耗は気乾材切削に比べると大きくなる[3]。また，この腐食摩耗機構はpHが低い，有機酸(酢酸)や特異な抽出成分を含有する樹種において顕著となる。すなわち，トロポロン類を含有するベイスギ，オニヒバなど，ポリフェノール(タンニン類)を含有するユーカリ，クリ，ナラなどが腐食摩耗促進樹種として知られている。なお，この腐食摩耗は陰極防食法を応用した直流電圧の印加によって大幅に低減できることが明らかにされている[4](図2-16)。

(3) 高比重木材

素材の切削では，一般に被削材の比重が大きくなれば工具摩耗も大きくなるが，上述のシリカの有無や含有水分状態に比べると，その影響は小さい。

(4) 木質材料および複合材料

合板，パーティクルボード，木質セメント板，アルミ複合材，合成樹脂複合材，無機質板などの木質材料および複合材料は素材に比べると工具摩耗を著しく促進する。合板やパーティクルボードの工具摩耗促進因子として，接着剤，充填剤および混入異物などが挙げられているが，接着剤ではメラミン・ユリア共縮合樹脂が最も工具摩耗を促進させる。

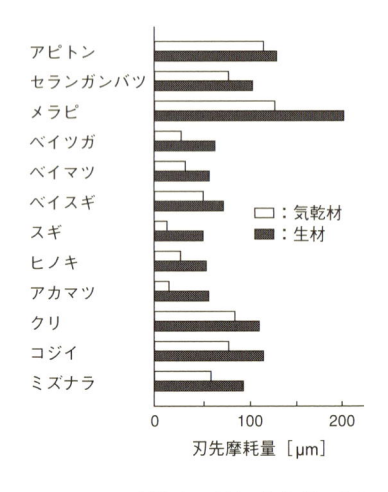

図2-15 各樹種の生材と気乾材の穴あけにおける刃先摩耗量[3]

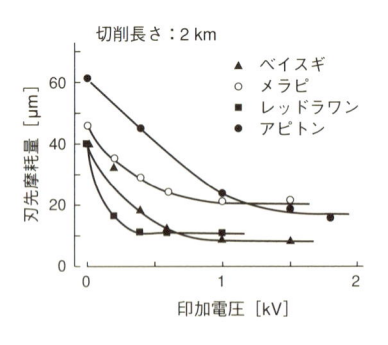

図2-16 陰極防食法を応用した直流電圧の印加による刃先摩耗量の低減[4]

2.5 工具摩耗と工具条件

(1) 工具材種

工具摩耗の進行は避けられないが，摩耗しない工具を求めて，木材切削用の

工具材種も炭素工具鋼,合金工具鋼,高速度鋼,鋳造合金,超硬合金,さらには焼結ダイヤモンドと進展してきている。これらの工具開発の経緯が示すように,高硬度,さらには高温硬度に優れた工具材種ほど耐摩耗性が大きい傾向がある。しかしながら,例えば超硬合金の場合,炭化物の粒子径が大きいほど硬度は低いが,工具摩耗は少ない結果5)が得られており,耐摩耗性は必ずしも硬度のみでは決まらないことに注意が必要である。一方で,高硬度材種は靱性が低くなるので,刃先の欠けが生じやすい。そこで,最近では母材の高靱性を維持し,その表面に高硬度の薄膜を被覆した,いわゆる高硬度・高靱性のコーティング工具も開発されている。

(2) 刃先角

一般に,切削角を小さくすると,刃先角も必然的に小さくなり,この場合の刃先摩耗は顕著となる。逆に,切削角を大きくすると,刃先角も大きくでき,耐摩耗性の向上が期待できるが,この場合は刃先摩耗を進展させる切削抵抗の増大に注意が必要である。なお,高硬度材種の工具は比較的大きな刃先角で使用されるが,これは主に刃先欠損の防止のためである。

2.6 工具摩耗と切削条件

(1) 切込み量

切込み量を小さくすると,比切削抵抗が増大し,刃先に集中的に切削抵抗が加わるため,刃先摩耗の進展は速くなる。一方,切込み量をある程度大きくすると,すなわち切屑形態が流れ型から先割れを伴う折れ型に移ると,刃先そのものの摩耗は少なくなる。しかしながら,さらに切込み量を大きくし,縮み型切屑が生成するようになると,刃先摩耗は切削抵抗の増大の影響を受けて顕著となる。

(2) 切削速度

切削速度が増加すると,切削熱による工具温度の上昇,切削抵抗や切屑生成形態の変化,工具と被削材間の接触時間の減少などが生ずるが,これらが工具摩耗に複雑に影響すると考えられる。したがって,被削材,工具および切削条件の組み合わせの違いによって,切削速度の増加に伴い,工具摩耗が増加する場合,減少する場合,あまり変わらない場合の結果6)が得られているが,それらの速度依存性の機構については不明な点が多い。

その中で，工具温度の上昇は，工具摩耗が力学的摩耗機構と腐食摩耗機構のいずれに支配される場合でも工具摩耗を促進させる効果として働くと考えられる。一方，工具摩耗が腐食摩耗機構に支配される場合には，腐食反応の尺度となる工具と被削材間の接触時間の減少は，工具摩耗を低減させる効果として働くと考えられる。また，力学的摩耗機構に支配される場合の高速化に伴う工具摩耗の減少は，切削抵抗の低減や切屑生成形態の変化に起因すると推測される。[7][6]

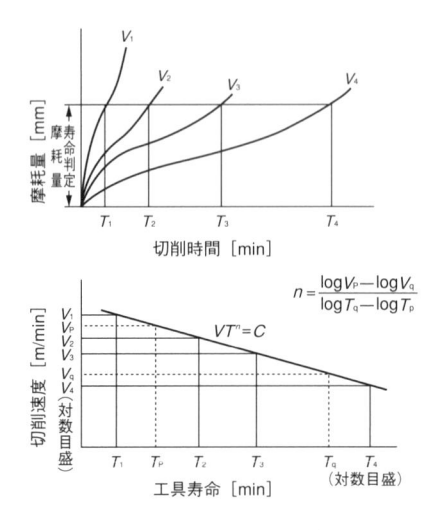

図 2-17 摩耗経過曲線と寿命曲線（V-T 線図）

2.7 工具寿命の判定と寿命方程式

一般に，工具寿命 (tool life) は切削抵抗，再研磨の経済性（刃先の摩耗量），切削面の状態などから判定される。この判定は作業者が上記の項目に基づき行うが，量産工場などでは加工時間や加工量の累積値を基準に自動的に決定する場合も多い。また，最近の加工機械の自動化に対応して，工具寿命に繋がる工具の摩耗や欠損を切削抵抗，音（振動），超音波（AE）などで自動認識する研究も行われている。

ところで，工具寿命はある評価基準（寿命判定摩耗量）に基づいて人為的に定義されるが，いま，この寿命判定摩耗量に達するまでの経過切削時間を工具寿命とすると，工具寿命と切削速度の関係は次のようになることが知られている[8]（図2-17）。

$$VT^n = C \qquad (2\text{-}3)$$

上式をテーラー (Taylor) の寿命方程式と呼んでいる。ここで，V は切削速度 (m/min)，T は工具寿命 (min)，C および n は工具材種や被削材料によって決まる定数である。

定数 C は工具寿命 1 min の場合の切削速度に相当する値であり，指数 n は工具寿命曲線(V-T線図)の傾きである。C が一定ならば n は小さい方が，n が一定ならば C は大きいほど工具寿命が長くなる。なお，一定の切削材長において，$n<1$ の場合は工具寿命が切削速度の増加に伴い長くなり，$n=1$ の場合は工具寿命が切削速度に無関係である。また，$n>1$ では工具寿命が切削速度の増加に伴い短くなる。

この寿命方程式は切削加工機械やシステムの経済的切削速度を選定するに当たり，有効となる。

●引用文献

1) G. Pahlitzsch *et al.*："Weitere Beobachtungen über das Abstumpfungsverhalten und den Einfluß der Schnittgeschwindigkeit beim Fräsen von Spanplatten", *Holz Roh- Werkst.*, **22**(11), 424-429(1964)
2) 林　和男ほか："木材の周刃フライス削りにおける工具刃先摩耗状態の走査電子顕微鏡による観察", 木材学会誌, **25**(6), 383-391(1979)
3) 番匠谷薫："木材および木質材料の穴あけ加工における工具寿命(第6報)国産材および外材における被削性", 木材学会誌, **32**(6), 418-424(1986)
4) 村瀬安英ほか："横切削における工具の腐食摩耗特性とそのカソード防食効果", 木材学会誌, **34**(5), 382-387(1988)
5) H. Sugihara *et al.*："Wear of tungsten carbide tipped circular saws in cutting particleboard : Effect of carbide grain size on wear characteristics", *Wood Sci. Technol.*, **13**(4), 283-299(1979)
6) 林　和男ほか："周刃フライス削りにおける工具摩耗と切削速度の関係，生材切削における工具摩耗形態・切屑形態・切削抵抗について", 木材学会誌, **34**(2), 100-111(1988)
7) 村瀬安英："木材切削工具の腐食摩耗の発生機構とその抑止法", 木材工業, **46**(9), 400-406(1990)
8) 古賀達是ほか："超硬合金丸のこの寿命特性(第2報)切削速度の影響", 木材学会誌, **19**(7), 317-322(1973)

第3節 切削面性状

切削加工では，切削面性状の良否が後加工の有無や製品の品質に直接影響するため，材面をいかに美しく平滑に仕上げるかが重要な課題である。切削面性状は，切削面における欠点(machining defect)の種類やその発生頻度，欠点が全くない切削面を有する材が全体に占める割合(無欠点率)，切削面粗さ(cut surface roughness)などで評価される。しかし，木材の材質は一様でないため，欠点の発生も切削面全体で一様とならない。そのため，切削面の比較的狭い範囲における欠点や加工面粗さだけでは，切削面性状を正しく評価することはできないので，切削面全体について総合的な観点から評価する必要がある。ここでは，仕上げ品質に影響を及ぼす切削面の欠点，加工面粗さ，光沢について述べる。

3.1 切削面の欠点

木材の切削面に発生する欠点は，その原因に基づいて次の三つに大別することができる。

①切削の方式に起因する欠点
②機械・工具の調整不良，不適正な切削条件に起因する欠点
③木材の組織構造の特性に起因する欠点

これらの原因によって発生する欠点の種類や状況は大きく異なる。ここでは，材面を平滑に仕上げることを目的とした加工のうち，木材加工現場で最も広範囲に用いられている回転削り方式による切削を対象にして，その際に発生する欠点について説明する。

表2-1に，前記の原因にしたがって分類した欠点を示す。

表2-1 欠点の発生原因とその種類

発生原因	①切削の方式	②機械・工具の調整不良，不適切な切削条件	③木材の組織構造の特性
種類	(1) ナイフマーク	(2) 鉋焼け (3) 刃の欠け跡 (4) びびりマーク (5) スナイプとロール状凹痕 (6) チップマーク (7) 鉋境	(8) 逆目ぼれ (9) 毛羽立ち (10) 目違い (11) 目離れ (12) 目ぼれ

(1) ナイフマーク

回転削り方式では，鉋胴に取り付けられた複数枚の工具が回転運動するため，切削面は平滑になり得ず，1刃ごとの切削に対応する波状の凹凸が出現する。これをナイフマーク(knife mark)という(図 2-18)。ナイフマークは，凹凸の幅と深さで評価され，その程度は切削加工機械の切削円直径と切削条件によって異なる(第3章 第4節参照)。

(2) 鉋焼け

工具の刃先摩耗などが影響して送材が一時的に停止したときに，工具と木材間で発生する摩擦熱によって材面が焦げて変色した跡を鉋焼け(machine burn)という(図 2-19)。

(3) 刃の欠け跡

工具刃先の欠け(刃こぼれ)によって，送材方向に発生する条痕を刃の欠け跡という(図 2-20)。

(4) びびりマーク

切削中における工具刃先あるいは被削材の振動により発生する小さな凹凸をびびりマーク(chatter mark)という。

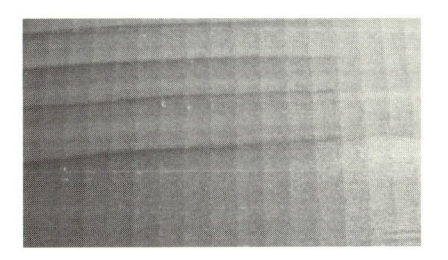

図 2-18 ナイフマーク
スギ板目面を自動一面鉋盤で切削した場合

図 2-19 鉋焼け
ナラ板目面を自動一面鉋盤で切削した場合

図 2-20 刃の欠け跡
スギ板目面を自動一面鉋盤で切削した場合

(5) スナイプおよびロール状凹痕

ロール送り方式の自動一面鉋盤などによる切削において，材の両端部に発生するロール状の凹痕をスナイプ(ガッタ，しゃくれ；snipe)という。スナイプは，材押さえ装置(チップブレーカ，プレッシャーバー)の圧力調整の不適正が主な原因で発生する。また，材面の一部に発生するロール状凹痕は，ロールの調整不良

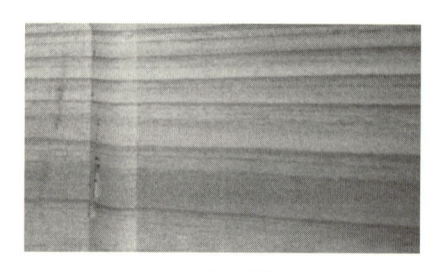

(a) スナイプ 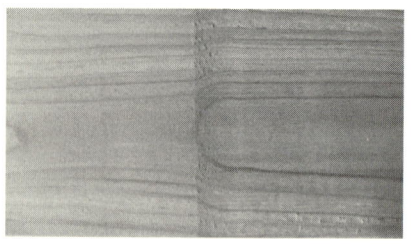　　　　　　　　　　　(b) ロール状凹痕

図 2-21　スナイプとロール状凹痕
スギ板目面を自動一面鉋盤で切削した場合

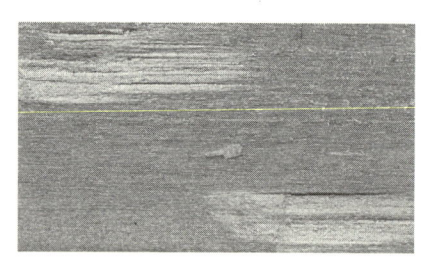

図 2-22　チップマーク[1]　　　　　　図 2-23　鉋境
ベイマツ板目面を周刃フライス削りした場合　　ヒノキ板目面を携帯電気鉋で切削した場合

←鉋境

が原因で発生する(図 2-21)。

(6) チップマーク

回転する工具の刃先に切屑が付着した状態で切削するとき，切削面を叩くようにしてできた引っ掻き傷をチップマーク(chip mark, pitting)という(図 2-22)[1]。

(7) 鉋境(耳立ち)

携帯電気鉋で切削するとき，削り面と削り面との間にはっきりと生じる段差のことを鉋境という(図 2-23)。鉋境の発生を防ぐためには，削り深さを小さくし，重ねしろをつけて切削することが必要である。

(8) 逆目ぼれ

逆目部分における切削面が，塊状に大きく堀り取られた場合(torn grain)，または，繊維束が小さく掘り取られた場合(chipped grain)にできる凹み跡を逆目ぼれという(図 2-24)。

逆目ぼれを防ぐためには，基本的に順目で切削する必要がある。しかし，被

第3節 切削面性状

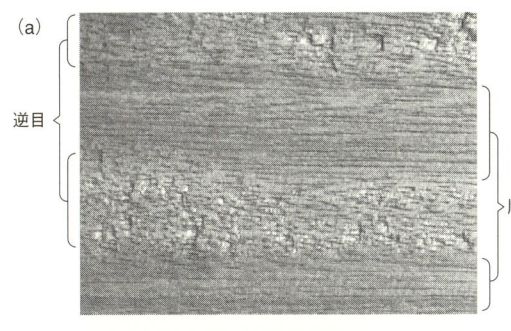

(a) ラワン柾目面を自動一面鉋盤で切削した場合
逆目／順目

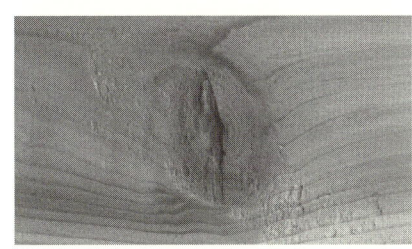

(b) 節および節ばかまを有するスギ板目面を自動一面鉋盤で切削した場合

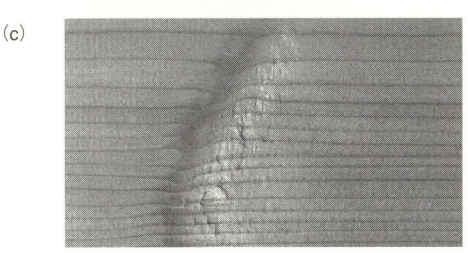

(c) 流れ節を有するスギ板目面を自動一面鉋盤で切削した場合

図 2-24 逆目ぼれ

削材の繊維走行が交互に反対方向に傾斜する交錯木理や，繊維が波状に配列する波状木理をもつ材の柾目面，節が現れる材面の切削では，全面を順目にすることがないため，必ず逆目切削の部分が生じる。とくに，節が現れる材面では，節の切削とその周辺部の繊維方向の乱れ(節ばかま)の切削が加わるので，節と節ばかまの繊維方向を考慮した適正な切削が必要となる。

(9) 毛羽立ち

毛羽立ちは，工具刃先が摩耗したときに発生しやすく，削り残された繊維または繊維束が切削面に綿毛状(wooly grain)，あるいは，ささくれ状(fuzzy grain)に浮き出た状態をいう(図 2-25)。

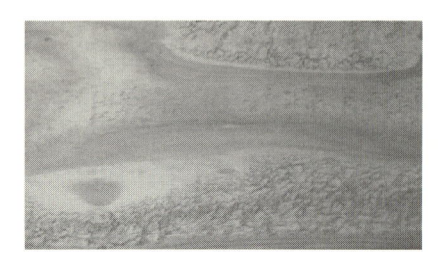

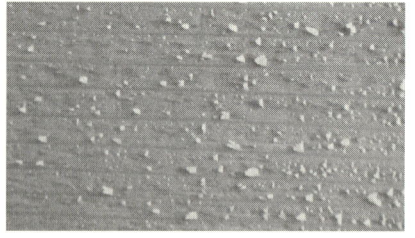

(a) 綿毛状の毛羽立ち　　　　　　(b) ささくれ状の毛羽立ち

図 2-25　毛羽立ち
スギ板目面を自動一面鉋盤で切削した場合

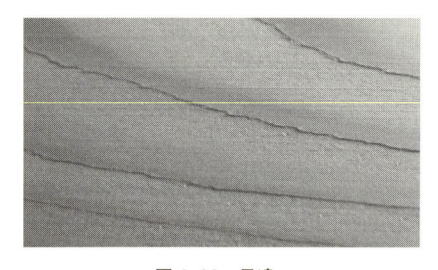

図 2-26　目違い　　　　　　　　　　図 2-27　目離れ
スギ板目面木裏を自動一面鉋盤で順目切削した場合　　スギ板目面を自動一面鉋盤で切削した場合

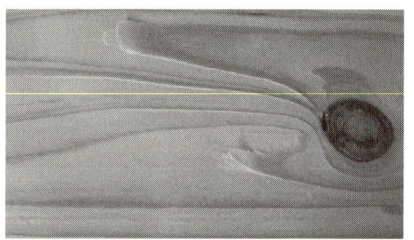

（10）目違い

晩材が早材より浮き上がる状態を目違い(raised grain)という(図 2-26)。早材部と晩材部の硬度差が著しい針葉樹の板目面を順目切削したとき，被削材の含水率が高いとき，あるいは，刃先が摩耗した工具で木裏側を順目切削するときなどに発生しやすい。

（11）目離れ

切削面に露出した晩材部が，早材部分と晩材部分の境界から分離してしまう状態を目離れ(loosed grain)という(図 2-27)。刃先摩耗などによって過大な切削力を受けた場合に発生しやすい。

（12）目ぼれ

切削面から繊維束が掘り取られて形成された小さな凹みを目ぼれという(図 2-28)。早材部と晩材部の硬度差が著しい針葉樹を横切削したときに発生しやすい。

回転削り方式の切削加工機械・工具では，前記の②に属する欠点は，木材の

(a) 目ぼれの切削面　　　　　　　　(b) 平滑な切削面

図 2-28　目ぼれ
スギ柾目面を携帯電気鉋で横切削した場合

切削方向 ↓

性質に直接関係なく発生する欠点なので，工具の再研磨，あるいは機械の調整などを完全に行えば，その発生をほぼ抑えることができる。前記の③に属する欠点の発生は，切削条件と工具条件を変えることによって，その発生頻度をいくらか低減することはできるが，木材の性質が影響するので完全に発生を抑えることは難しい。一方，前記の①に属する欠点(ナイフマーク)は，必然的に発生するので防ぐことはできない。これよりさらに良好な切削面を得るためには，研削機械・工具を用いて最終仕上げを行うか，あるいは平削り方式の切削加工機械・工具(超仕上げ鉋盤および平鉋など)を用いて仕上げることが必要となる。しかし，平削り方式の加工において，調整が不良であったり，切削条件が不適切であれば，前記の②および③に属するいくつかの欠点が発生することになる。したがって，美しく平滑な切削面を得るためには，使用する切削加工機械・工具の整備点検と適正な切削条件の設定が必要である。

3.2　加工面粗さと光沢

(1) 加工面粗さ

木材の加工面粗さ(roughness of machined wood surface)は，木材の細胞組成に由来する組織粗さと加工に由来する加工粗さから成る。組織粗さの原因となる凹凸は，仮道管や道管，木部繊維，柔細胞などの内腔に由来し，樹種および切削面(木口面，板目面，柾目面)によって特徴的なパターンを示す。また，当然のことであるが，どれほど良好な切削を行っても決して取り除くことはできない。一方，加工粗さの原因となる凹凸には，回転切削におけるナイフマークや研削時に砥粒が通過して生じる研削痕，毛羽立ちなどがある。一般的に，加工粗さ

図 2-29　触針式表面粗さ測定機の触針部分

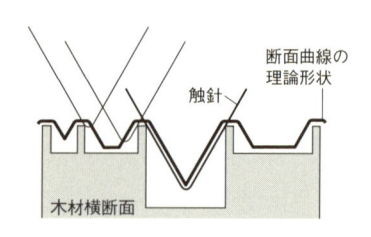

図 2-30　木材横断面，触針，断面曲線の理論形状の模式図

は工具形状や切削条件，切削方法から理論的に決まる凹凸と，加工時に発生する工具の変形や振動などに起因する凹凸に由来する。しかし木材の場合は，それらの凹凸に，加工によって切断されたり押しつぶされたりした細胞に由来する凹凸が重畳しており，非常に複雑な形状をしている。

　加工面粗さは加工の良否を表すだけでなく加工面の品質や機能に大きな影響を及ぼすため，材料を評価する際の重要な指標の一つとなる。しかし，木材の加工面粗さの評価法はまだ確立されていないため，金属や樹脂などに広く用いられる触針式表面粗さ測定機 (stylus instrument) を用いた方法[2] (以下，触針法) を利用することが多い。触針法はすでに規格に定められており，以下にその概要を述べる。

　図 2-29 は触針式表面粗さ測定機の触針部分である。触針法による粗さ計測では，先端が円錐形で円錐の頂点が半径数 μm の球状である触針が材料表面に接触したまま，ある方向に一定速度で移動する。移動中の触針は表面の凹凸によって上下に振動するので，その高さを一定間隔で記録してデータを再構成することで，あるライン上の凹凸の高さ分布を表した断面曲線 (primary profile) を得ることができる。断面曲線は測定面の凹凸を反映した形状をしているが，測定部の断面形状を再現したものではないことに注意が必要である。図 2-30 は木材横断面と触針，断面曲線の理論形状の模式図であるが，触針先端は径の小さい空隙や深い谷底部分に完全には入り込むことができないため，その部分では断面曲線の凹部の振幅が実際の空隙の深さよりも小さくなる。また，触針先端が円錐形でその頂点が球状であるため，断面曲線の凸部の稜線が垂直になることはなく，角部分は丸みを帯びる。

第3節 切削面性状

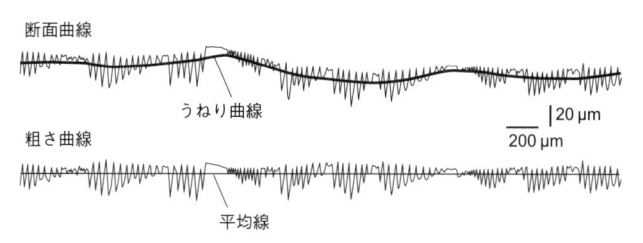

図 2-31 スギのミクロトーム切削面の断面曲線および粗さ曲線
（ガウシアンフィルタ使用，カットオフ値：0.8 mm）

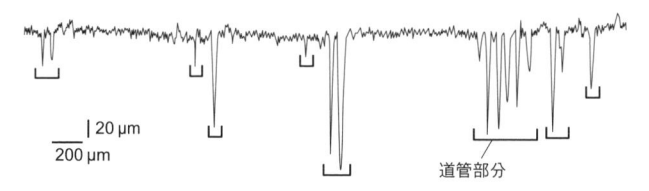

図 2-32 ミズナラ研削面の断面曲線
（研磨紙の砥粒粒度：P240）

　断面曲線は粗さよりも波長の大きいうねり成分を含むので，粗さ評価の際はフィルタ処理によってそれを分離・除去する。フィルタ処理には，通常，ガウシアンフィルタ[3]を用いるが，断面曲線の形状によっては他の種類のフィルタを用いる[4]ことがある。断面曲線からうねり成分を除いたものを粗さ曲線 (roughness profile) と呼ぶ。**図 2-31** はスギのミクロトーム切削面の断面曲線，粗さ曲線である。加工面粗さは，粗さ曲線の凹凸の波長や振幅に関する種々のパラメータ[2]を用いて評価する。

　木材の加工面粗さは木材の細胞内腔に由来する組織粗さに加工粗さが重畳したものであるが，樹種によっては組織粗さが加工粗さよりもかなり大きくなる。このような場合，加工面の品質や加工の良否を適正に評価するためには，組織粗さの影響を排除して加工面粗さを評価する必要がある。例えば，研削加工において砥粒粒度の大きい(砥粒の細かい)研磨紙を用いると，組織粗さが無視できるほど小さい樹脂や金属では加工面が平滑になるが，環孔材のように大径の道管を有する木材加工面では，触れた感じは平滑であるものの，表面には**図 2-32** の断面曲線に示すように組織粗さである道管部分の深い谷が残る。このよ

うな場合，加工の程度を評価するには，組織粗さである道管部分の深い谷を排除して粗さパラメータを求める必要がある。図 2-33[5]はミズナラ研削面についての算術平均粗さ Ra[2]と研磨紙の砥粒粒度の関係であるが，道管部分を排除して求めた Ra の値は粒度とともに小さくなり，加工の程度をよく表していることがわかる。道管に由来する組織粗さの影響を排除するには，正規確率紙上の負荷曲線を用いる方法[6]や，負荷曲線に関するパラメータを用いる方法[7]がある。

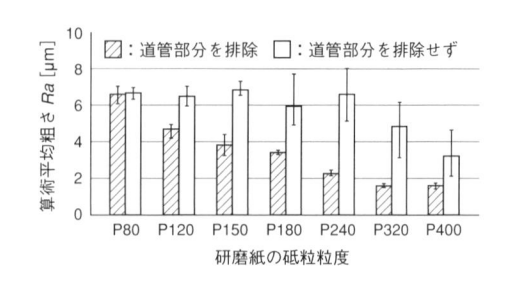

図 2-33 ミズナラ研削面の砥粒粒度と粗さパラメータの関係[5]

（ガウシアンフィルタ使用，カットオフ値：2.5 mm）

木材の加工面粗さを評価する方法には，触針法のような接触式の測定法以外にも，レーザ[8]や光切断法[9]，光沢[10]，超音波[11]などを用いた非接触式の測定法がある。

(2) 光　沢

物体表面の光沢(gloss)の程度は，鏡面光沢度や変角光沢曲線[12](投光角を固定して受光角を変化させた場合の受光量の変化)のように入射光線に対する反射光成分の大小で表したり，拡散反射光の方向分布によって評価したりする。木材表面の光沢は，加工によって表面に現れた細胞壁の切断面と細胞内腔面からの光の反射，および，最表層を通過した光が細胞壁内で乱反射したり下層の細胞内腔で反射したりすることによって生じる。

図 2-34[13]は種々の加工方法で仕上げたヒノキ柾目面の変角光沢曲線であるが，ミクロトーム切削面では投光方向が繊維に平行である場合と直交である場合で光沢度が顕著に異なる。繊維平行方向に投光した場合は，細胞壁の切断面と細胞内腔面に入射した光があまり散乱することなく反射するために正反射が最も強くなる。繊維直交方向に投光した場合は，細胞内腔面において光が散乱するため，正反射成分が繊維平行方向に投光した場合に比べて弱くなるとともに他の反射角への反射が多くなり，変角光沢曲線はなだらかになる。また，図 2-34 に示すように，木材表面の光沢特性は加工方法よって異なる。ミクロトームや

第3節 切削面性状

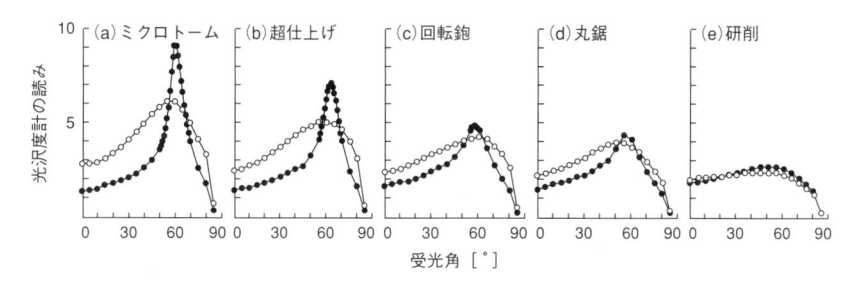

図 2-34 種々の加工方法で仕上げたヒノキ柾目面の変角光沢曲線[13]（投光角60°）
● 繊維平行方向に入射　○ 繊維直交方向に入射

(a)ミクロトーム　(b)超仕上げ　(c)回転鉋　(d)丸鋸　(e)研削

縦軸：光沢度計の読み　横軸：受光角 [°]

超仕上げ鉋盤による切削面のように、細胞壁の切断面が平滑で毛羽立ちがなく、細胞内腔に入射した光が正反射する場合は、鏡面光沢度（図 2-34 の場合は受光角60°の光沢度）が大きく、研削仕上げ面のように毛羽立ちによって光が散乱する場合は小さくなる。さらに、木材表面の光沢は樹種によっても異なるが、これは樹種による細胞の配列や細胞内腔の寸法の違いによるところが大きい。

●引用文献

1) 横地秀行ほか："高速度ビデオによる木材の周刃フライス削りにおける加工面欠点の発生機構の観察"、第55回日本木材学会大会研究発表要旨集、78(2005)
2) JIS B 0601：2001 "製品の幾何特性仕様(GPS)－表面性状：輪郭曲線方式－用語、定義及び表面性状パラメータ"
3) JIS B 0632：2001 "製品の幾何特性仕様(GPS)－表面性状：輪郭曲線方式－位相補償フィルタの特性"
4) ISO 16610-1：2006 "Geometrical product specifications(GPS)－Filtration－Part 1: Overview and basic concepts"
5) Y. Fujiwara et al.："Effect of removal of deep valleys on the evaluation of machined surfaces of wood", *Forest Prod. J.*, **53**(2), 58-62(2003)
6) L. Gurau et al.："Processing roughness of sanded wood surfaces", *Holz Roh- Werkst.*, **63**(1), 43-52(2005)
7) E. Westkämper et al.："Qualitätskriterien für feingehobelte Holzoberflächen", *Holz Roh- Werkst.*, **51**(2), 121-125(1993)
8) W. R. De Vries et al.："Processing methods and potential applications surface roughness measurement", *Proc. 10th Int. Wood Mach. Semin.*, California, USA, 276-292(1991)

9) J. Sandak *et al.*："Evaluation of surface smoothness using a light-sectioning shadow scanner", *J. Wood Sci.*, **51**(3), 270-273(2005)
10) 藤本清彦ほか："ルータ加工面の鏡面光沢度による評価", 木材工業, **57**(8), 337-342(2002)
11) Y. Lin *et al.*："A new approach of surface roughness measurement using air-coupled ultrasound", *Proc. 12th Int. Symp. on Nondestructive Testing of Wood*, Sopron, Hungary, 23-32(2002)
12) JIS Z 8741：2002 "鏡面光沢度－測定方法"
13) 増田　稔ほか："木材の表面加工性状と光沢感の関係", 京都大学演習林報告, **61**, 301-309(1989)

✢ 一口メモ ✢

「表面粗さ」から「表面性状」へ

　機械加工した表面に存在する微細な凹凸は，長年にわたって「表面粗さ」として計測・評価されてきた。しかし，その測定・評価方法を規定しているISOが1997年以降大幅に改正され，それを受けて関連するJISも2001年以降全面的に改訂された。その結果，JISでは「表面粗さ」という用語の規定もなくなった。

　新しいJISは，それまで別々に，独立して制定されていた寸法，形状，表面粗さなどを統一的に扱うための「製品の幾何特性仕様(GPS)」に関する一連の規格の一部として位置付けられ，従来「表面粗さ」や「表面うねり」と呼んでいたものの総称として「表面性状」という用語を規定している。また，断面曲線，粗さ曲線，うねり曲線(ろ波うねり曲線)などの総称を「輪郭曲線」とし，この輪郭曲線について種々のパラメータを統一的に定義した(輪郭曲線方式)。その結果，計算したパラメータの対象が断面曲線であれば「断面曲線パラメータ」，粗さ曲線であれば「粗さパラメータ」，うねり曲線であれば「うねりパラメータ」と呼び，それらの総称を「表面性状パラメータ」としている。また，表面性状の三次元的な測定を念頭において，$X-Y-Z$の三次元座標系を採用し，高さ方向をZ軸と定義した。そのため，従来の規格では高さ方向をy軸としていたためにRyとしていた最大高さがRzに変更され，これと同じ記号を使っていた十点平均粗さは規格から削除された(ただし，JISでは附属書で十点平均粗さをRz_{JIS}として残した)。

第4節　加工精度

4.1　加工精度

　鋸を用いて木材を切断したり，表面を鉋削りした場合には，鋸の挽き曲がりによって加工精度に狂いが生じたり，鉋の削り具合によって表面にうねりが生じたりする。このような手工具や機械を使用して，木材を加工する場合，所定の寸法や形状に加工できたかどうかを意味する加工精度（machining accuracy）は，被削性を評価する上で重要な指標になる。

　図2-35は木材の加工において注意する加工精度の内容を示す。加工精度には，加工後の寸法の指定された寸法からのずれの大きさである寸法の精度（寸法偏差）と，加工後の形状の指定された形状からのずれの大きさである形状の精度（幾何偏差）がある。形状の精度の内容には，狭義の形状精度として，加工面が平行であるかどうかや隣り合う加工面が直角であるかどうか等の平行度や直角度，さらには加工面の平面度や加工した穴の形状を評価する真円度が含まれる。また，形状の精度には，加工した表面に現れるうねりや表面の微小な凹凸である粗さが含まれる。

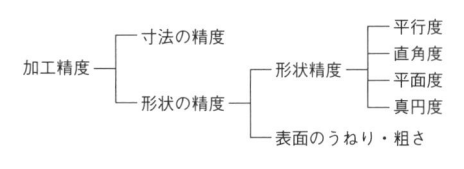

図2-35　加工精度の内容

4.2　加工精度に影響を及ぼす要因

　木材や木質材料を機械加工する場合，寸法や形状の精度に狂いが生じる要因は数多く考えられるが，大きくまとめると以下のように分類できる。

（1）工作機械系

　使用する工作機械の状態によって加工精度は影響を受ける。工作機械の主軸や刃物を取り付ける部分，送りの機構等における構造の不良や整備不良は，加工精度に影響を与える。さらに，工作機械を稼働した動的状態における機械の振動，過度な負荷による機械各部の変形，稼働に伴う機械各部の熱による変形は加工精度に影響を与える。

（2）工作物系

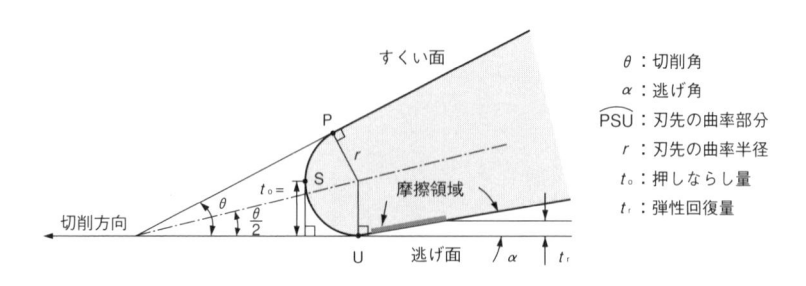

図 2-36 加工精度に及ぼす工具先端丸味の押しならしの影響[4]

被削材(工作物)を機械に取り付けた時の位置のずれ，加工に伴い被削材が変形した時の形状のずれは加工精度に影響を与える。また，木材は多孔質な構造を有するため，被削材の密度の大小によって，加工時に圧縮変形を受けた部分の弾性回復量は異なる。密度が大きい木材ほど，弾性回復量は小さいため，その加工精度は良好となる。被削材の加工する部分の違いによっても，早材に比べて密度が大きい晩材では加工精度は良好となる。

木材は多孔性とともに，組織に異方性を有するため，穴加工を施す部分では，繊維の方向によって，拡大しろが生じたり真円度に影響を及ぼす。木工ビット(木工錐)による穴加工は，被削材が木質材料では正円に近い加工精度が得られるのに対して，木材では繊維方向に対して垂直方向に長円形となる[1]。さらに，木工ビットによる穴加工では，ビットの先端に付いたけづめと繊維方向が平行になるほど，繊維の剥離の影響により，加工精度が悪くなる[2]。また，ルータビットによる型削り加工においても，繊維方向とビットの進行方向とが平行でない場合には加工精度は悪くなる[3]。

(3) 工具系

工具を機械に取り付けた時の位置のずれ，工具先端の刃先の鋭さの程度，切削距離の増加に伴う工具摩耗等は加工精度に影響を与える。**図 2-36** は工具先端の丸味が加工精度に及ぼす影響を示す[4]。切削工具の先端は，**図 2-36** に示すように，$\overset{\frown}{PSU}$ で表されるような曲率を有する。木材の切削加工では，工具先端の丸味の影響により，t_o で表されるような範囲において，押しならしの作用を受ける。さらに，工具逃げ面に沿って変形した被削材の一部は，t_r の距離で表

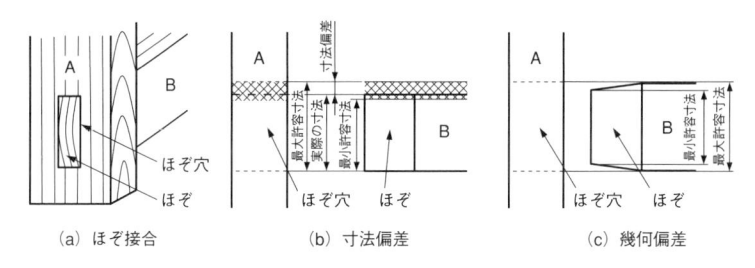

図 2-37　ほぞ接合における寸法偏差と幾何偏差

されるような弾性回復を生じる。このような切削加工に伴う押しならしの作用と弾性回復の程度は，加工後の寸法精度や表面の形状精度に影響を及ぼす。

4.3　工作精度

(1) 寸法偏差

材料を加工する場合，あらかじめ設定された所定の寸法どおりに正確な加工を施すことは極めて困難である。その場合には，材料の性質や加工した部品の用途に合わせて，許容できる寸法の範囲(寸法偏差)を決定しておくことが重要となる。木造構造物の機械プレカット加工による接合等においては，接合部分の締まり具合(はめあい)の程度は，加工する寸法の精度によって影響を受ける。図 2-37(a)はほぞ接合における接合部分の様子を示す。ほぞ穴にほぞを接合する場合，図 2-37(b)のように，実際に加工するほぞの寸法には，最大および最小の許容寸法が存在する。木材の場合には，材料が多孔質な構造を有するため，横圧縮変形を利用した"しまりばめ"による接合が有効であり，このような寸法偏差の設定では，木材特有の許容範囲を考慮する必要がある。

(2) 幾何偏差

工作精度には，寸法偏差に加え，加工した工作物の形状の精度に関しても許容できる範囲(幾何偏差)を決定しておくことが重要となる。図 2-37(a)のようなほぞ接合を考えた場合，ほぞ穴に入れるほぞの形状には，図 2-37(c)に示すような，最大および最小の許容寸法が存在する。この場合にも，ほぞの断面が極端な台形や平行四辺形では，良好なはめあいが得られない場合があり，幾何偏差においても木材特有の許容範囲を考慮する必要がある。

● 引用文献

1) K. Banshoya : "Tool life in machine boring of wood and wood based material V. effect of helix angle of spur machine-bits", *Mokuzai Gakkaishi*, **31**(6), 460-467 (1985)
2) 小松正行: "木質材料の穴あけ加工性(第6報)ドリル先端角の加工精度への影響", 木材学会誌, **24**(10), 692-697(1978)
3) 大内　毅ほか: "CNCルータによる木材および木質材料の切削加工(第1報)溝突き加工における加工精度", 木材学会誌, **47**(3), 212-217(2001)
4) 小林　純ほか: "木材の横切削における切削エネルギーについて(第3報)逃げ面摩擦の影響", 木材学会誌, **33**(8), 637-644(1987)

一口メモ

さしがね

　板材あるいは角材の表面に加工のために必要な線を引くことを"けがき"という。けがき作業では，さしがねやスコヤなどを用いてけがき線を引く。さしがねはL字形の直角定規と物差しを組み合わせた道具であり，指金，指矩，曲尺，曲金などの表記がある。スチール製，ステンレス製，アルミニウム製のものが見られ，寸法は500×250，300×150，300×100 mmなどである。さしがねの長い辺を長手，短い辺を妻手という。長手を上方にして妻手を右側に向けた状態の面を表目といい，メートル目盛が刻まれている。その反対側の面を裏目といい，メートル目盛が刻まれたもの(鉄工用)と，表目を$\sqrt{2}$倍した目盛(角目)や円周率倍した目盛(丸目)が刻まれたもの(建築用)がある。使い方には，寸法の測定，面の平面度の検査の他に，直角のけがき(**図1**)，45°の勾配のけがき(**図2**)，板材の幅を等分するけがき(**図3**)がある。角目を使用して丸太の直径を測ると，丸太から得られる角材の一辺の寸法を求めることができる(**図4**)。丸目を使用して丸太の直径を測ると，丸太の円周を求めることができる。

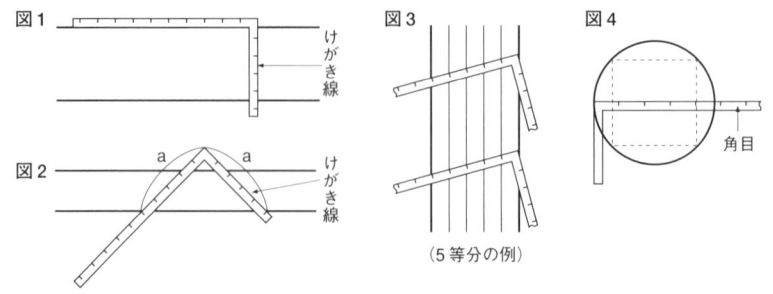

第3章　各種切削加工

第1節　機械と工具

1.1　木材加工機械

JISによると，「工作機械(machine tool)とは，主として金属の工作物を，切削，研削などによって，または電気，その他のエネルギを利用して不要部分を取り除き，所要の形状に作り上げる機械」と定義されている[1]。ここで，工作物を金属から木材または木質材料に置き換えることにより，木材加工機械を定義できる。

加工をその内容から分類すると，表3-1のように，付加加工，変形(成形)加工および除去加工となる。工作機械は，JISの定義からは除去加工に相当する[2]。

工作機械を基本構造形態に基づいて分類すると次のようになる。旋盤，立削

表3-1　加工法の分類[2]

大分類	中分類	実　例
付加加工 (＋)	接合	溶接，圧接，ろう接，接着，焼きばめ，圧入，締結(リベット締結，ねじ締結)など
	被覆	肉盛り，金属溶射，めっき，蒸着，塗装，プラスチックライニング，セラミックコーティングなど
変形加工 (成形加工) (0)	固体以外からの成形	鋳造，焼結，プラスチックの射出成形など
	固体からの成形	鍛造，圧延，引抜き，押出し，曲げ，しぼり，転造など
除去加工 (－)	機械的除去	切削，研削，ラッピング，噴射加工など
	熱的除去	ガス切断，プラズマ加工，放電加工，電子ビーム加工，レーザ加工など
	化学的・電気化学的除去	ケミカルミリング(腐食加工)，フォトエッチング，電解加工，電解研磨など

表 3-2 代表的な工作機械の運動形態 [2]

工作機械の名称	運動の機能と形態				
	切削運動		送り運動		
	回転	直線	x	y	z
旋盤	W		T		T
ボール盤	T				T
中ぐり盤	T		W, T	T	T
フライス盤	T		W, T	W, T	W, T
平削り盤		W		T	T
形削り盤		T		W	T, W
立削り盤		T	W	W	
ブローチ盤		T		(T)	
研削盤	T, W	(W)	W	T, W	
マシニングセンタ	T		W, T	W, T	W, T

W：工作物，T：工具

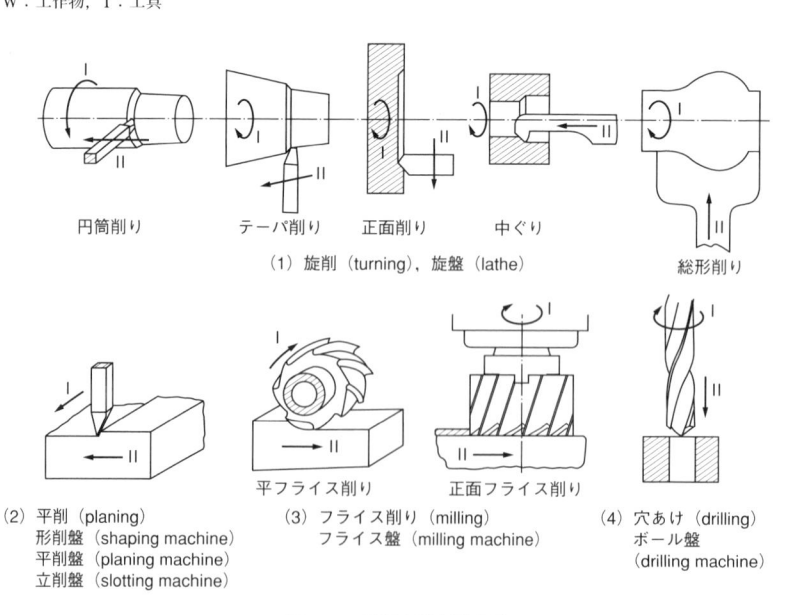

図 3-1 切削の基本形式 [2]

(1) 旋削（turning），旋盤（lathe）
円筒削り　テーパ削り　正面削り　中ぐり　総形削り

(2) 平削（planing）
形削盤（shaping machine）
平削盤（planing machine）
立削盤（slotting machine）

(3) フライス削り（milling）
フライス盤（milling machine）
平フライス削り　正面フライス削り

(4) 穴あけ（drilling）
ボール盤（drilling machine）

り盤，ボール盤，ブローチ盤，中ぐり盤，研削盤，フライス盤，歯切り盤，平削り盤，歯車研削盤，形削り盤，マシニングセンタ。金属では一般的な加工（旋削など）が木材では一般的ではない場合もあり，逆に，鋸挽き盤（sawing machine）

第1節 機械と工具

表 3-3 工作機械の種類と加工形式，運動および寸法容量の関係[3]

加工様式	切削運動	送り運動	工作機械の種類	寸法容量
旋削	工作物	工具	普通旋盤（キャプスタンあるいはタレット旋盤も同様）半径方向工具位置の極限	d＝最大スイング d'＝最大旋削直径 l＝両センタ間の最大距離 $a-b$＝最大旋削長さ
穴あけ	工具	工具	ラジアルボール盤	l＝最大穴あけ長さ r＝最大半径移動範囲 h＝工作物の最大高さ
中ぐり	工具	工具(a)あるいは工作物(b)	横中ぐり盤	$a+b$＝高さ範囲 $c+d$＝長さ範囲 $e+f$＝幅範囲 $l\times m$＝締付面積 D＝中ぐり主軸直径 } 中ぐり作業の
円筒研削	工具	工作物(a) 工具(b)か 工作物(a+b)	円筒研削盤	普通旋盤と同じ
円周フライス削り	工具	工作物	ひざ形横フライス盤	$a+b$＝高さ範囲 $c+d$＝長さ範囲 $e+f$＝幅範囲 } フライス削りの
正面フライス削り	工具	工作物	ひざ形立フライス盤	$a+b$＝高さ範囲 $c+d$＝長さ範囲 $e+f$＝幅範囲 } フライス削りの
平削り（Ⅰ）および形削り（Ⅱ）	工具（Ⅰ） 工作物（Ⅱ）	工具（Ⅰ） 工作物（Ⅱ）	平削り盤	b＝最大幅 $c+d$＝最大高さ l＝最大長さ } 工作物の
			形削り盤	$a+b$＝工作物の最大高さ $c+d$＝切削幅範囲 l＝最大切削長さ

などが木材では重要になる。これは材料の特質・製品の特質による。

　これらの工作機械について，工作物と工具の運動関係を**表 3-2**に示す。また，切削の基本形式を**図 3-1**に示す。

工作機械の種類と加工形式，運動および寸法容量の関係を 表 3-3 に示す[3]。

平面を加工するには，回転運動軸と直線運動軸が一つずつあればよい[4]。これらの軸を加工目的に適合するように配置すれば，所要の工作機械が実現する。加工目的を実現するための軸の配置方法は一通りではない。

工作機械を構成している基本的な構成要素を 図 3-2 に示す。工作機械のベッドが，工作物に回転運動を与える主軸系と工具に切削運動を与える送り系を支えている。この主軸系（main spindle），送り系（feed mechanism），ベッド（bed）が工作機械を構成する基本となる 3 要素である。

主軸系の駆動方法の例を 図 3-3 に示す。モータの回転を主軸へ伝達するのに適当なカップリングを介すれば，モータの振動が伝わらないようにできる。ベルト駆動では，負荷によるベルトとプーリの間の滑りが不可避であるので，高出力の駆動には向かない。モータの回転を電磁継手を介して主軸に伝達すると，駆動軸からのトルクだけを主軸に伝達することができ，高精度の回転が得られる。

直動案内面上に置かれたテーブルの運動を 図 3-4 に示す。一般に空間に自由に置かれた物体は，X，Y，Z 軸方向の並進運動とこれらの各軸回りの回転運

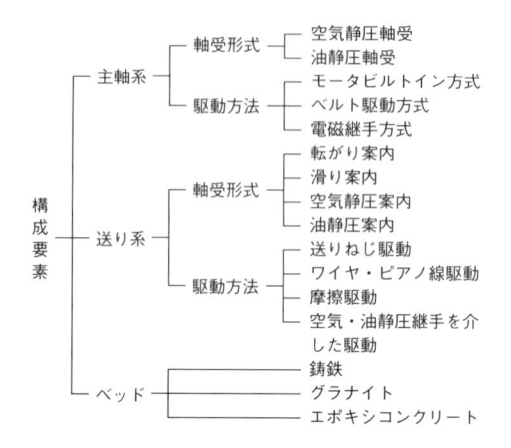

図 3-2 工作機械の構成要素[4]

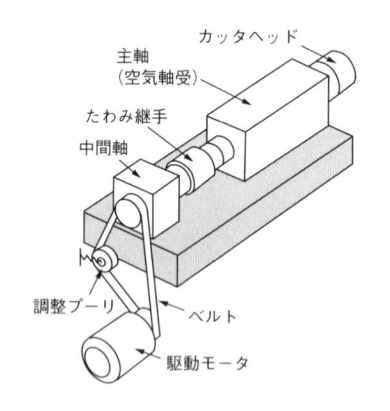

図 3-3 ベルト駆動による主軸駆動系の例[4]

動の6自由度をもっている。テーブルの移動方向(X軸)の回りの回転運動がローリング(rolling)，案内面に平行でテーブルの移動方向に垂直なZ軸の回りの回転運動がピッチング(pitching)，案内面に垂直なY軸回りの回転運動がヨーイング(yawing)である。

テーブルの運動精度は，5自由度の運動を拘束している案内面のガイド性能によってほとんど決まる。工作機械用の直動案内面には，滑り案内，転がり案内，空気静圧案内，油静圧案内などが用いられている。

1.2 工具と工具材料

木工刃物は，その切削法によって，**表3-4**のように分類できる[5]。

切削工具に要求される性能はいわゆる切れ味と寿命で，切れ味を長期間保ち，寿命の

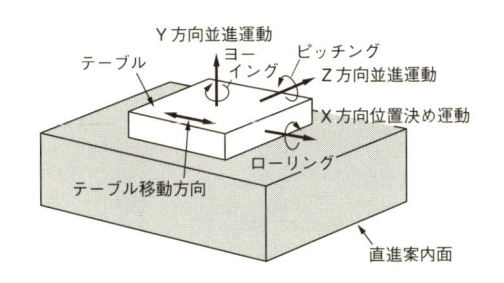

図3-4 直動案内面にささえられたテーブルの運動[4]

表3-4 加工方法と木工刃物の種類[5]

加工方法	種類	工具
挽き材	木工用鋸	丸鋸 帯鋸 糸鋸，特殊鋸
平削り	鉋刃	ひら鉋 面取り鉋
回転削り	カッタ	面取りカッタ フライスカッタ 棒状カッタ チェーンカッタ
旋削	バイト	柄付きのみ バイト
型削り	カッタ	面取りカッタ ほぞ取りカッタ
	ルータ	ルータビット
穿孔	のみ 木工錐	角のみ 木工錐

長い工具を製造するには工具材料が耐摩耗性に優れていることが必要である。とくに工具は切削速度が速いほど大きな機械的摩耗を受けるが，同時に被削材との摩擦熱によって刃先温度が著しく上昇し，結果として高温下で大きな摩耗を受けることになる。また空気中の酸素や木材成分によって酸化を受ける。そこで切削工具は常温はもちろんのこと，高温の硬さがなるべく高いことが必要であり，また酸化に強いほうがよい。

切削工具材料を製造方法によって分類すると**図 3-5**のようになる[6]。木工用工具には切れ刃として，工具鋼(tool steel)，ステライト(stellite)，超硬合金(tungsten carbide)およびダイヤモンド焼結体(polycrystalline diamond)が用いられる。セラミック系の工具材料は耐摩耗性に優れ，金属加工用工具ではよく用いられるが，靭性が低く欠けやすいので，刃先角度が小さい木工用工具では一般的に用いられない。

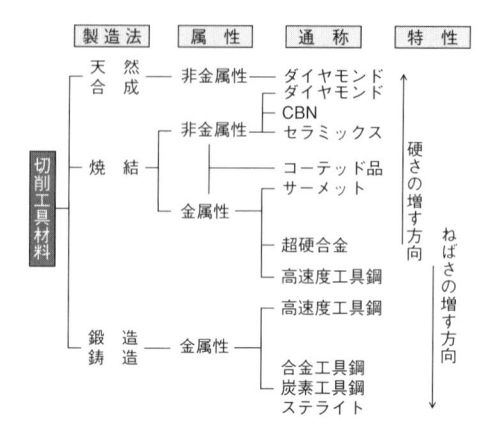

図 3-5 切削工具材料の分類[6]

(1) 工具鋼

工具鋼には炭素工具鋼(carbon tool steel)，合金工具鋼(alloy tool steel)と高速度工具鋼(high speed steel)がある。炭素工具鋼は炭素含有率が 0.60～1.50％の炭素鋼で，これにはリン(P)や硫黄(S)の少ない良質の鋼が用いられている。工具用の鋼には焼入れや焼き戻しといった熱処理が施される。焼入れは鋼を 1000 ℃ 近くまで加熱し，その後急冷する処理で，これによって鋼には刃物としての硬さが与えられる。焼きもどしは焼入れ後，500 ℃ 程度まで加熱し，緩やかに冷却する処理で，これによって刃物には粘りが与えられ衝撃などに強くなるとともに，その後加熱されても軟化しにくくなる。工具鋼は材料深部まで焼きが入りにくく，焼戻し軟化抵抗性も劣り，高温になると容易に硬さが低下するので，切削中に刃先の衝撃や温度上昇が起きやすい高速切削には向かない。また，炭素工具鋼は肉厚の大きい工具や形状の複雑な工具には適さない。これらの欠点を改良するために，工具鋼にタングステン(W)，クロム(Cr)，モリブデン(Mo)，バナジウム(V)やニッケル(Ni)などの元素 1 種以上添加したものが合金工具鋼である。

さらに合金工具鋼でも十分な性能を発揮できない場合には，高速度工具鋼を用いる。高速度工具鋼は元素を組み合わせて多量に添加したもので，**表 3-5**に

表 3-5 高速度工具鋼の化学成分，熱処理および硬さ

分類	JIS記号	化学成分(%)						熱処理温度(℃)		硬さ
		C	Cr	Mo	W	V	Co	焼入れ(油冷)	焼もどし(空冷)	焼入焼もどしHRC
タングステン系	SKH2	0.70~0.85	3.80~4.50	—	17.00~19.00	0.80~1.20	—	1260~1300	550~580	≧62
	SKH3	0.70~0.85	3.80~4.50	—	17.00~19.00	0.80~1.20	4.50~5.50	1270~1310	560~590	≧63
	SKH4A	0.70~0.85	3.80~4.50	—	17.00~19.00	1.00~1.50	9.00~11.00	1280~1330	560~590	≧64
	SKH4B	0.70~0.85	3.80~4.50	—	18.00~20.00	1.00~1.50	14.00~16.00	1300~1350	580~610	≧64
	SKH5	0.20~0.40	3.80~4.50	—	17.00~22.00	1.00~1.50	16.00~17.00	1300~1350	600~630	≧64
	SKH10	1.45~1.60	3.80~4.50	—	11.50~13.50	4.20~5.20	4.20~5.20	1200~1260	540~580	≧64
モリブデン系	SKH51	0.80~0.90	3.80~4.50	4.50~5.50	5.50~6.70	1.60~2.20	—	1200~1250	540~570	≧62
	SKH52	1.00~1.10	3.80~4.50	4.80~6.20	5.50~6.70	2.30~2.80	—	1200~1250	540~570	≧63
	SKH53	1.10~1.25	3.80~4.50	4.80~6.20	5.50~6.70	2.80~3.30	—	1200~1250	540~570	≧63
	SKH54	1.25~1.40	3.80~4.50	4.50~5.50	5.50~6.70	3.90~4.50	—	1200~1250	540~570	≧63
	SKH55	0.80~0.90	3.80~4.50	4.80~6.20	5.50~6.70	1.70~2.30	4.50~5.50	1220~1260	530~570	≧63
	SKH56	0.80~0.90	3.80~4.50	4.80~6.20	5.50~6.70	1.70~2.30	7.00~9.00	1220~1260	530~570	≧63
	SKH57	1.15~1.30	3.80~4.50	3.00~4.00	9.00~11.00	3.00~3.70	9.00~11.00	1220~1260	550~580	≧64

示すように，18％W-4％Cr-1％VのSKH2を代表とするW系と，6％W-5％Mo-4％Cr-2％VのSKH51を代表とするMo系とに大別される．かつては前者が主流であったが，MoはWに比べて原子量が大きく，重量％で約半分の添加量で十分な効果を生じ，価格も低く比重も小さい，靭性が高く断続切削にも好適などの利点があって，今日ではMo系が高速度工具鋼の大半を占めるに至っている．

(2) ステライト(鋳造合金)

ステライトはCoにCr25~35％，W12~20％，C2~3％などを添加した鋳造合金で，700℃以上でもかなり高い硬さを保持している．しかし高速度工具鋼，超硬合金の双方の品質改善が進むにつれてあまり使用されなくなり，木材加工では製材用の帯鋸で用いられるのみである．

コバルト(Co)-クロム(Cr)-タングステン(W)系合金では，標準の組成が40％Co，30~35％Cr，20~25％W，0.6~2.6％Cのものが鋳造状態で使用する合金とされている．これは高速度工具鋼よりもはるかに高温強度が高く，耐摩耗性に優れている．ステライトは酸素アセチレン溶接法で刃先に肉盛して使用される場合が多い．

表 3-6 超硬合金の平均組成とその性質 [7]

成分の分類	成分 %			密度 g/cm³	硬さ HV	抗折力 MPa	弾性係数 GPa	熱伝導率 cal/cm℃s	被削材種大分類
	WC	TiC+TaC	Co						
P 01	51	43	6	8.5	1750	900	460	0.04	鋼, 鋳鋼, 可鍛鋳鉄
P 10	63	28	9	10.7	1600	1300	530	0.07	
P 20	76	14	10	11.9	1500	1500	540	0.08	
P 30	82	8	10	13.1	1450	1750	560	0.14	
P 40	75	12	13	12.7	1400	1950	560	0.14	
P 50	68	15	17	12.5	1300	2200	520	—	
M 10	84	10	6	13.1	1700	1350	580	0.12	鋼, 鋳鋼, 鋳鉄, オーステナイト鋼, 特殊鋳鉄, 非鉄金属
M 20	82	10	8	13.4	1550	1600	570	0.15	
M 30	81	10	9	14.4	1450	1800	—	—	
M 40	79	6	15	13.6	1300	2100	520	—	
K 01	92	4	4	15.0	1800	1200	—	—	鋳鉄, 非金属, 非鉄合金木材, 木質材料
K 10	92	2	6	14.8	1650	1500	630	0.19	
K 20	92	2	6	14.8	1550	1700	620	0.19	
K 30	89	2	9	14.4	1400	1900	580	0.17	
K 40	88	—	12	14.3	1300	2100	570	0.16	

(3) 超硬合金

超硬合金は，CoやNi等を結合材として炭化物粉末を高温高圧で焼結した合金である。WC-Co系合金は極めて硬質で強度・靭性に優れているので，木工用工具材料として広く用いられている。しかし，含水率の高い木材やパーティクルボード・中密度繊維板(MDF)といったボードを加工する場合には結合材であるCoがボードに含まれる硫黄(S)や塩素(Cl)によって腐食されてWCが脱落し摩耗が早くなるので，腐食に強いNiやCrが結合材として用いられる。**表 3-6** [7] は切削工具用超硬合金の概要を示したものである。

(4) ダイヤモンド焼結体

人造ダイヤモンド粉末とWC-Co層を高温高圧条件下で焼結して製造する。硬さ，靭性等の機械的諸性質は高く，天然ダイヤモンドに近い性質を有する硬質材料である。高価ではあるが，耐摩耗性に極めて優れるので，中密度繊維板(MDF)やパーティクルボードといった木質材料の製造ラインのように高速大量生産における工具として用いられている。

(5) コーティング工具

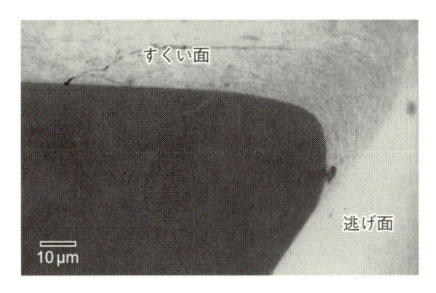

図 3-6　コーティングなし[8]

図 3-7　すくい面にコーティング処理[8]

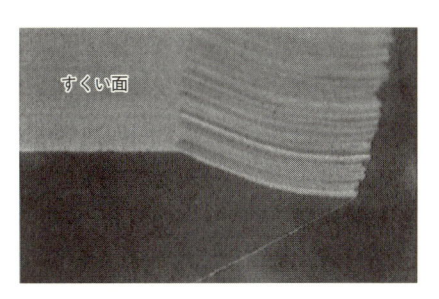

図 3-8　逃げ面にコーティング処理[8]

　高速度工具鋼や超硬合金の切れ刃の鋭利さや耐摩耗性を改善するために，それらのすくい面または逃げ面に数 μm の厚みでコーティング処理する場合がある。その摩耗への影響をクロム系薄膜をコーティング処理した刃先について 図 3-6～8[8] に示す。図 3-7 はすくい面コーティング処理した場合の木材切削後の刃先摩耗を示す。コーティングのない場合(図3-6)は，刃先が丸みを形成して後退している。被削材によっては，すくい面にクレータ摩耗が生じる。しかしながら，すくい面コーティング処理すると，すくい面形状を維持しながら逃げ面が後退している。一方，逃げ面コーティングした場合は，逃げ面の形状を維持しながらすくい面が後退しているが，クレータ摩耗によってすくい角が大きくなり切れ味を維持している(図 3-8)。いずれのコーティング処理でも，良好な加工品質を維持しながら，大幅に工具寿命を向上できる。

1.3　工具の構成と再研磨

　切削工具は，工具の本体あるいは地金部分と刃金(切れ刃)部分から構成されており，現在使われている工具の多くはこれらが夫々別の材料および工程で製造されたものを，溶接，鍛接や接着などによって合体して工具となっている。例えば，鉋刃やベニヤレースの刃などは，地金に高速度工具鋼などからなる刃金を鍛接して製造される。また，チップソー(丸鋸)では，工具鋼の地金に超硬合金

の刃先(チップ)を溶接(ろう付け)して工具となっている。ルータやモルダーなどのビットやカッタもボディに超硬合金やダイヤモンド焼結体などからなる刃金を溶接(ろう付け)して工具となっている。近年では，刃先部分を簡単に着脱できる形式の工具も開発されており，帯鋸やカッタなどで用いられつつある。これらの替え刃式工具の一部には，刃先を使い切り(スローアウェイ)にするタイプのものもある。

工具はその製造工程の最終段階で，刃先部分が所定の鋭利度になるように研磨される。研磨は通常，回転する円盤や円筒型の砥石に対して切れ刃を当てながら送り込み，刃先を研削加工によって研ぎ上げる。この研磨工程は砥石の種類や研削条件を変えながら何段階かに分けて実施される。

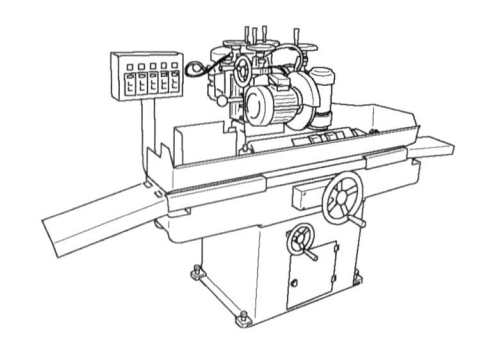

図 3-9 手動鉋刃研削盤

図 3-10 超硬合金刃物研削盤

被削材，使用機械，切削条件や工具材種などによって異なるが，木工用工具は刃先が数 10～100 μm 程度摩耗すると，切れ味が大幅に低減して，加工面に毛羽立ちや焼けが発生しやすくなる。そこで工具の種類や材種に応じた研削盤で再研磨する。[9]

図 3-9 は主に手押し鉋盤，自動鉋盤，仕上げ鉋盤などに用いられる平刃を研磨する手動鉋刃研削盤を示す。鉋刃取付台に取付けた鉋刃を手動送りして回転砥石により刃先を研削する。

図 3-10 は超硬合金刃物研削盤を示す。刃先に超硬チップを使用した超硬合金刃物を研磨する機械で，主としてダイヤモンドホイール(diamond wheel)に

第1節 機械と工具

表 3-7 超砥粒ホイールの表示 [10]

砥粒の種類	粒度	結合度	コンセント レーション	結合剤	結合剤の特徴	超砥粒層厚み
D：天然ダイヤモンド SD：人造ダイヤモンド SDC：金属被覆した合成ダイヤモンド CBN：立方晶窒化ホウ素 CBNC：金属被覆した立方晶窒化ホウ素	16 メッシュ ～ 3000 メッシュ	H J(軟) L N(中) P R(硬) T	ct/cm³ 50 = 2.2 75 = 3.3 100 = 4.4 125 = 5.5 150 = 6.6	B：レジン M：メタル V：ビトリファイド	ボンドの特徴をメーカ固有の記号または数字で示す	1.5 mm 2.0 3.0

＊SD300N125BN-2.0 の例

よって研削する。超硬チップソー(丸鋸)用の研削盤は，砥石の運動や歯の送り運動によって，設定したすくい角，横すくい角，先端傾き角，先端逃げ角，側面向心角，側面逃げ角を精密に研磨できる。超硬合金刃物研削盤には，超硬チップソーを研削するタイプと，超硬カッタを研削するタイプがある。

一般に高速度工具鋼や超硬合金の研磨には超砥粒ホイール(super abrasive wheel)が用いられる[10]。一般的な研削砥石が内周部まで同じ組織であるのに対して，超砥粒ホイールは内周部(台金)がアルミニウム合金のような金属などでできており，外周部の 1～3 mm のみが砥粒層で構成されている。超砥粒ホイールは台金上に **表 3-7** のように表示されている。超硬合金の研削にはダイヤモンド砥粒を，焼入れ工具鋼やステライトの研削には立方晶窒化ホウ素(CBN)砥粒が用いられる。

●引用文献

1) 日本規格協会：“JIS ハンドブック No. 13 工作機械”, 17(2006)
2) 割澤伸一：“工作機械と切削加工”, 生産システム講義資料, 10, 12(2006)
3) F. Koenigsberger ほか：“工作機械の力学”, 養賢堂, 4(1972)
4) 丸井悦男：“超精密加工学”, コロナ社, 19-31(1997)
5) 枝松信之ほか：“製材と木工”, 森北出版, 224(1976)
6) 海野邦昭：“絵とき「切削加工」基礎のきそ”, 日刊工業新聞社, 62(2006)
7) 藤村善雄：“実用切削加工法”, 共立出版, 112(1981)
8) 日本建材新聞社：“The Tools”, 9-10(2004)
9) 日本建材新聞社：“木工機械教本 改訂版”, 186, 188(1996)
10) 海野邦昭：“絵とき「研削加工」基礎のきそ”, 日刊工業新聞社, 62-63(2006)

第2節　挽き材加工

木材や木質材料を切断加工するのに、従来から鋸が用いられてきた。現在でも実用的には唯一の切断加工法といってよく、いろいろな木材工業の加工工程に用いられる。鋸によって木材を切断することを挽き材といい、丸太から製材品を得る製材作業と、製材品から家具や建築物などを製作する二次加工作業の主要な加工方法である。主として帯鋸や、丸鋸を用いた木材加工機械が使用され、用途に合わせて、両歯鋸などの手加工用鋸、携帯電気丸鋸、チェーンソー(chain saw)、糸鋸(jig saw)なども用いられる。

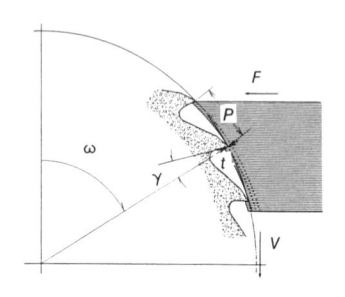

図 3-11　丸鋸による挽き材
F：材の送り速度，V：切削速度，
P：ピッチ，γ：すくい角，
t：1歯当たりの送り量，
ω：鋸歯の位置角

2.1　鋸歯の切削作用

(1) 鋸屑の生成，排出

1個の鋸歯がその前面と側面で材料の微少な量だけを削り取りながら、溝(挽き道；kerf)を形成して挽き材が行われる。1個の鋸歯が削り取る量 t(1歯当たりの切込み量)は、図3-11のように、ピッチ P (pitch)に相当する距離を鋸歯が走行する間の材料の微小な送り量で、次式で示される。

$$t = \frac{PF}{V} \sin \omega \tag{3-1}$$

ここで、F：送り速度(feed speed)，V：鋸速度(saw speed)，ω：送材方向と鋸歯の移動方向とのなす角(帯鋸盤の場合には $\sin\omega = 1$ としてよい)

切削の進行に伴って発生する鋸屑は、元の体積の2～4倍になる。鋸屑の大部分は、歯が材料から抜け出るまでの間、歯室(後述)に貯えられるので、歯室の大きさや形状も挽き材性能を左右する大切な要素である。

(2) 鋸歯の基本要素

鋸歯ではすくい面を歯喉(しこう)(tooth face)、逃げ面を歯背(しはい)(tooth back)、鋸歯の底部

第2節　挽き材加工

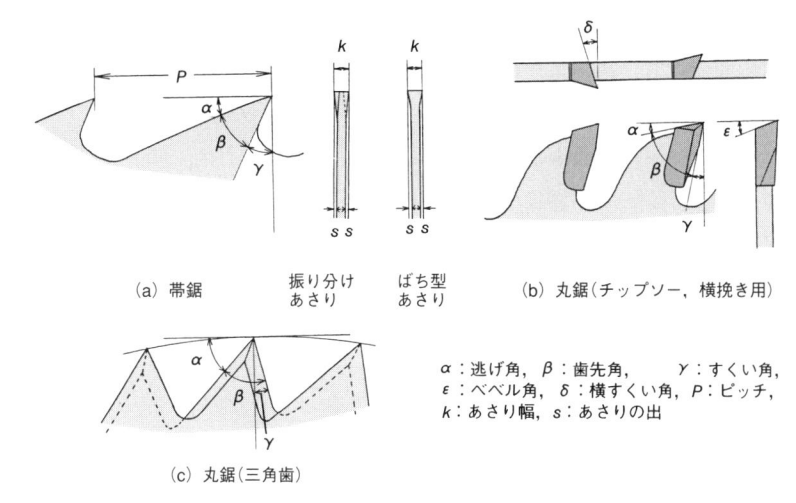

図 3-12　鋸歯の基本要素

(a) 帯鋸　　振り分けあさり　　ばち型あさり　　(b) 丸鋸（チップソー，横挽き用）　　(c) 丸鋸（三角歯）

α：逃げ角，β：歯先角，γ：すくい角，ε：ベベル角，δ：横すくい角，P：ピッチ，k：あさり幅，s：あさりの出

を歯底(tooth bottom)，先端を歯端(tooth point)，歯端を結んだ線を歯端線と呼び，歯喉，歯底，歯背，歯端線と挽き道で囲まれた空間を歯室(gullet)と呼ぶ。

　鋸歯はその用途にあわせて，図 3-12 のようなすくい角（歯喉角；rake angle），歯先角（歯端角；tooth angle），逃げ角（歯背角；clearance angle），横すくい角（リード角；side rake angle），研ぎ角（ベベル角；top bevel angle)が適正に定められる。例えば，広葉樹用の帯鋸歯では，針葉樹用よりも歯の剛性を増すために，すくい角または逃げ角を小さくして，歯先角を大きくする。

　鋸歯には，鋸の側面と木材とが接触しないように鋸歯を左右に拡げるあさり(set)が設けられる。図 3-12(a)のように，鋸歯を交互に側面に曲げた振り分けあさり(spring set)，歯先を押しつぶして成形したばち型あさり(swage set)や，成形したチップ(b)が用いられる。あさりの出の適正値は 0.3～0.6 mm である。

(3) 切断方向と歯型

　鋸の歯型は挽き材形式（縦挽き，横挽き）に適合したものが選択される。木材を繊維方向に向かって平行に挽く縦挽き(rip sawing)の場合，鋸歯前面の切れ刃が木口切削のように繊維を切断する（図 3-11）ので，繊維を容易に切断するために，なるべく大きなすくい角を設けたのみのような歯型（ばち型鋸歯）が用いられ

る。ばち型鋸歯では側面をすくい角 0°(切削角 90°)で削り取るので，被削材の繊維方向によっては，微少な逆目ぼれや毛羽立ちのある挽き材面が形成されることがある。また刃先が摩耗すれば挽き材面には毛羽が立ちやすい。

繊維を直角方向に切断する横挽き(cross cut sawing)の時には，側面の切れ刃が木口面を切削するので，繊維の分断を容易に，かつ挽き材面の性状を良好にするために，横すくい角やベベル角を設け，先端が尖った小刀(こがたな)のような歯型が用いられる。なお，横挽き用の歯型のピッチは縦挽き用に比べて通常小さい。また，横挽き用の鋸を縦挽きに用いることはできても(ただし，縦挽き用に比べて作業能率は低い)，その逆は適当でない。

2.2 鋸機械

(1) 帯鋸盤

帯鋸盤(band sawing machine)は，帯鋸盤本体(本機)と送材装置とからなり，本機は図 3-13 のように，フレーム，モータで駆動される下部鋸車，遊車の上部鋸車，帯鋸緊張装置，(上部)鋸車仰伏装置，セリ装置(帯鋸の横振れ止め装置)などから構成される。鋸車が左右に配列された横型もある。帯鋸(band saw)は薄い帯状の鋼板(厚さ 0.55〜1.65 mm，幅 10〜255 mm)を接いでエンドレスにし，その一縁に多数の鋸歯をつけたものである。用途によっては，両縁に歯をつけた両歯帯鋸，回し挽きもできるように幅を狭くした木工用帯鋸などがある。

帯鋸を両鋸車に掛け，昇降ハンドルにより上部鋸車を昇降して緊張装置の作用により，帯鋸を緊張させる。その結果生じる帯鋸の引張応力は 10 kgf/mm^2 程度の引張応力を加える。さらに，挽き材中の緊張力の変化をレバー式などの緊張装置で緩衝する。また，上部鋸車の回転軸を鋸車仰伏装置によってわずかに前傾させ，木材の送り込み時に帯鋸が鋸車からはずれにくいようにしている。このため帯鋸の背側を伸ばして歯側よりも幾分長くする。これを背盛り(back)という。さらに，上部鋸車の前傾の角度を鋸車仰伏装置によって調節して，走行する帯鋸の前後位置を調節する。なお，両鋸車の軸間距離が短いほど，大径の木材を挽けなくなるが，挽き材の安定性は高くなる。また，厚い鋸を用いたり，緊張力を高めても挽き材の安定性は増す。しかし，帯鋸は鋸車に沿って曲がりながら走行し，曲げの際に帯鋸に引張応力が繰り返し生ずるので，帯鋸の厚さが増すほど，また鋸車径が小さくなるほど，緊張応力を小さくしなければ

第2節　挽き材加工

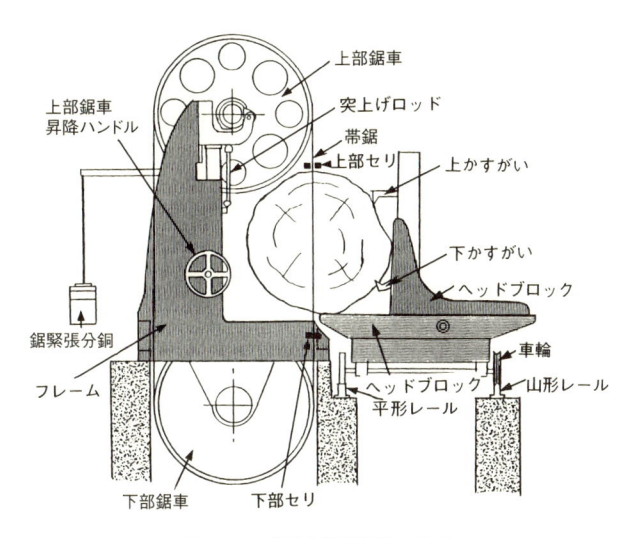

図 3-13　送材車付帯鋸盤の構造

ならない(緊張応力を過大にすると歯底部に亀裂が生じたりして，帯鋸破断の危険性がある)。

　帯鋸盤には，使用目的によっていくつかの種類がある。製材(saw milling)に使用される送材車付き帯鋸盤(band sawing machine with carriage)は，図 3-13 のように，本体とレール上を走行する送材車とから構成され，送材車のヘッドブロック上に丸太をかすがいで固定し，送材車を移動させて挽き材する。比較的大きな断面寸法の材料を切り出す大割り作業，この材料をさらに小さい断面の板や角材にする中割り作業に用いられ，製材ラインの基幹的な機械である。テーブル帯鋸盤(table band sawing machine)には，製材用(鋸車径 800 mm 以上)と木工用(鋸車径 1000 mm 以下)とがある。製材用では比較的小型の材料を切り出す小割り作業に，木工用では直線挽き，曲線挽きなどに用いる。製材用には材料を手動で送り込むテーブル帯鋸盤と，ローラによって自動的に送り込むローラ帯鋸盤(band resaw with rollers)がある。また，2 台の帯鋸盤を用い，1 回の送り込み(自動)で，材料の相対する 2 箇所を切断する図 3-14 のツイン帯鋸盤(twin band sawing machine)などがあり，小径材の製材などに用いられている。

　(2) 丸鋸盤

丸鋸盤(circular sawing machine)は，基本的には，鋸軸に丸鋸(circular saw)を，フランジなどを介してナットで固定したのち，回転させ，切断加工などに用いる機械である。丸鋸は，円板状の鋼板の外周部に鋸歯を刻みつけたもの(図 3-11)で，その中心部に軸穴がある。丸鋸の標準寸法は外径 150～1220 mm，厚さ 1.0～2.8 mm である。歯型によって，縦挽き用と横挽き用に区別される。従来，鋼板に鋸歯を刻みつけた各種の丸鋸が用いられてきたが，現在では，歯先に超硬合金のチップをろう付けしたチップソーが多用される。その標準寸法は外径 205～610 mm，歯厚 2.0～4.5 mm，鋸身厚 1.4～3.2 mm である。難加工材用等にダイヤモンドチップを用いた丸鋸も製造されている。

丸鋸が厚いほど，外径が小さいほど，フランジ径が大きいほど挽き材の安定性は増す。帯鋸は縦挽きに多用されるのに対して，丸鋸を縦挽きに用いる場合には，材料が反発するのでその危険防止が必要である。丸鋸盤には用途によって種々の機械がある。昇降丸鋸盤(circular saw bench)は木工用の基本的な機械で，テーブルと丸鋸軸からなり，テーブルまたは丸鋸軸を昇降して，テーブルからの丸鋸の出を調節し，切断や溝加工に用いる。傾斜できるテーブルをもつタイプもある。また長尺の材料をテーブルに置いたままで，所定の長さに切断できる横切盤(クロスカットソー，cross cut saw)，合板やボード類も固定しながら切断加工できる図 3-15 のパネルソー(panel saw)，ランニングソー(running saw)やトリミングソー(trimming

図 3-14　ツイン帯鋸盤
（写真提供：大井製作所）

図 3-15　パネルソー
（田中機械工業社カタログより）

saw），加工材の幅決め，耳すり用の縦挽き専用機であるリッパ(rip saw），ギャングリッパ(gang rip saw），合板など板材の幅決め用のダブルソーなどがある。クロスカットソーやギャングリッパは製材にも用いられる。

2.3 腰入れ

丸鋸や帯鋸は，挽き材の安定性を増すために腰入れ(tensioning)が施される。帯鋸の場合には，走行の安定や熱座屈の防止のために，鋸身を長さ方向にロールやハンマで圧延し(鋸全体の力のバランスから，圧延された部分には，圧縮応力，周りの材料には引張応力が生じる)，歯側および背側に縮み(引張応力)を与える腰入れ(ロールテンション；roll

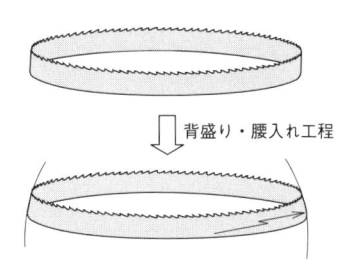

図 3-16 背盛りと腰入れをした帯鋸（模式図）

tensioning)や，歯底付近を 300～450 ℃ で加熱し，熱応力による塑性変形を加え，冷却したときに歯底部に引張応力を与える縮み腰入れ(ヒートテンション；heat tensioning)が行われる[1]。

丸鋸の場合，挽き材などによって外周部が加熱されると，中央部との間に温度差が生じ，外周部は伸び(圧縮応力が生じる)，その伸びがある程度以上になると波形状(図 3-17(a))に変形する。この状態を熱座屈(thermal buckling)という。発熱による外周部の伸び(圧縮応力)を打ち消すために，丸鋸にハンマやローラ圧延機によって塑性変形を与えて延ばし，あらかじめ縮み(引張応力)を与えること(カップ状にすること)を腰入れという[2]。チップソーでは腰入れをしないで外周部にスリットを入れて，円周方向の圧縮応力を生じさせないようにするとともに，2.4(5)で後述する振動を抑制している。

2.4 挽き材性能

鋸の挽き材性能(切れ味)は，所要動力(切削抵抗)，挽き材能率，鋸歯の寿命，製品の寸法精度，挽き肌，切削の安定性(挽き曲がり，振動)などで評価される。

（1）所要動力

挽き材の消費エネルギーは挽き材所要動力の計測で評価でき，この方法は挽き材の状況を知る上で簡便で有効である。挽き材時の所要動力から空転時の動力を減じた値は正味所要動力と呼ばれ，帯鋸の場合には，正味所要動力 W(kW)

は主分力 R_1(kgf)と鋸速度 V (m/s)との間に，

$$W = \frac{R_1 V}{102} \tag{3-2}$$

の関係がある．正味所要動力はすくい角，挽き幅，鋸速度など工具，被削材，機械条件すべての影響を受ける．

(2) 鋸歯の寿命

挽き材に伴って鋸歯は摩耗する．この影響は挽き肌の悪化，送り力の増大，切削力の増大に伴う挽き材所要動力の増大，挽き曲がりが生じやすくなることなどをもたらす．鋸歯の寿命はこれらのある基準を達成できなくなるまでの挽き材量または，挽き材時間で表される．ただし，鋸歯の寿命は一般にはっきり現れないので，その判断は難しい．シリカを含む木材を挽き材するときには寿命は短い．また合成樹脂系の接着材を用いた木質材料の挽き材でも寿命は低下する．このため帯鋸では，歯先にステライト(stellite)を溶着したり，丸鋸では超硬合金を歯先にろう付けして(チップソー)，鋸歯の耐摩耗性を向上させている．

(3) 寸法精度と挽き肌

挽き材された製品の寸法精度と挽き肌によって，機械の精度や鋸の良否が評価される．製品の曲がり，挽き材面のうねりなどは機械の精度や材料の内部応力に原因がある場合と，無理な切削によって，後述する挽き曲がりが原因になる場合とがある．ツースマーク(tooth mark)などの挽き肌の性状は鋸歯の側面切削の結果であり，機械の精度不良，鋸の調整不足に原因がある．

(4) 挽き曲がり

挽き材中に，鋸に無理な力が加わると，帯鋸でも丸鋸でも横方向に変形し，真直ぐに挽けなくなる．これを挽き曲がり(sawing inaccuracy)と呼び，製品の加工精度に悪影響を及ぼす．とくに，鋸の側面から力が不均衡に加わると，挽き曲がりが生じやすい．力の不均衡は，鋸歯の調整不良や材料の保持方法に原因があることが多い．丸鋸では，挽き曲がりが生ずると，丸鋸と材料との摩擦による反発力が生じて，材料が跳ね返ることがあるので極めて危険である．さらに，丸鋸の変形によって丸鋸の外周部と被削材との摩擦が生じ，その摩擦熱によって，大変形の熱座屈(図 3-17(a))が発生し，極めて危険な切削状態になる．したがって，挽き曲がりが生ずるような無理な送材は控えねばならない．

第2節　挽き材加工

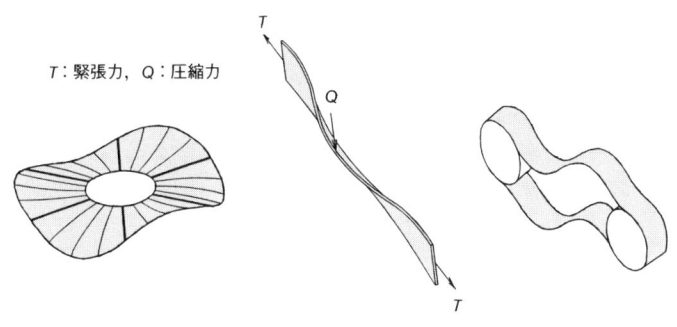

T：緊張力，Q：圧縮力

(a) 丸鋸の熱座屈，振動（3次）　(b) 帯鋸の横倒れ座屈[3]　(c) 帯鋸の振動（3次）[7]

図 3-17　丸鋸，帯鋸の変形状態

挽き曲がりは力の不均衡以外の原因でも生ずることがある。とくに帯鋸では，被削材を過大に送り込むと，歯室に鋸屑を収容しきれなくなり，そのために帯鋸の送材方向に圧縮力が加わるようになる。挽き材条件によっては，帯鋸は**図 3-17**(b)のような横倒れ座屈（divergence buckling）を起こし，波状の挽き曲がり（snaking）が生じ[3]，切削状態は極めて危険になる。**図 3-18**は送材速度を増したとき，ある送材速度で急激に変形量が増し，横倒れ座屈が生じたことを示す実験例[4]である。なお，丸鋸では歯室が鋸屑で満たされる前に，前述の別の原因による挽き曲がりを生じるのが普通である。

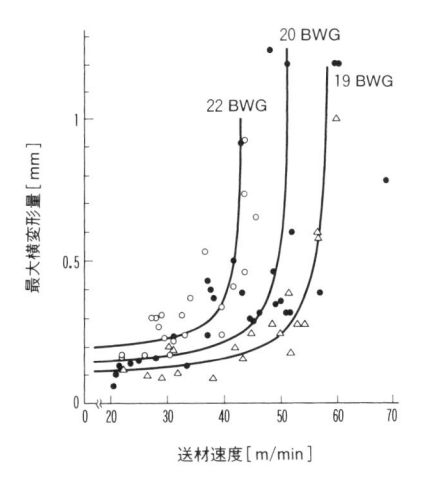

図 3-18　帯鋸の横変形と送材速度（エゾマツ）[4]

挽き幅：210 mm，緊張応力：15 kgf/mm^2，
鋸速度：40 m/s，鋸幅：152 mm，
鋸　厚：22 BWG：0.61 mm，
　　　　20 BWG：0.91 mm，
　　　　19 BWG：1.05 mm

(5) 振　動

回転中の丸鋸には微小な振動（**図 3-17**(a)は節直径が3個の振動の模式図である）が生ずるが，丸鋸盤のような回転軸をもつ機械では，丸鋸が激しく共振する特

異な回転数が存在する。丸鋸のような回転円盤では，円盤上を回転方向に進む前進波と逆に進む後進波(backward traveling wave)とがあり，後進波の振動数を節直径の数で割った値と回転速度(rpm)とが一致したときに最大の共振状態になり，危険速度(critical speed)と呼ばれる[5]。危険速度は丸鋸の寸法やフランジ径，スリット[6]などに影響される。例えば，外径305 mm，鋸身厚2 mmの丸鋸の危険速度は約10000 rpmである。通常はこれ以下の回転数を用い，設計上危険速度をはずしている。しかし，丸鋸径が大きくなるほど，鋸厚が薄くなるほど，フランジ径が小さくなるほど，危険速度は小さくなるので注意を要する。

　帯鋸でも，微少なたわみ振動(図3-17(c)は3次振動の模式図)とねじり振動[7]とが生じている。帯鋸は鋸車によって半固定化されているので，丸鋸のような移動する振動はみられず定在波である。帯鋸は切削力，鋸車，軸受，鋸のつぎ目などによって励振される[8]。帯鋸の固有振動数と励振振動数とが一致すれば帯鋸は共振する。固有振動数は緊張力，走行速度，腰入れ状態などの影響を受ける。

●引用文献

1) 土肥　修："帯鋸加熱腰入法(heat tension)"，木材工業，**17**(6)，264-269，**17**(11)，461-463，**17**(12)，557-561(1962)
2) 木村志郎："丸のこの腰入れ(1)"，木材工業，**42**(3)，103-108，"同(2)"，**42**(4)，157-161(1987)
3) 杉原彦一："帯鋸刃にかかる力について"，木材工業，**8**(5)，225-232(1953)
4) 加藤幸一："帯のこの挽き曲がりと限界送材速度"，木材工業，**40**(8)，361-366(1985)
5) C. D. Mote, Jr., *et al.*：" On the foundation of circular-saw stability theory"，*Wood Fib. Sci.*, **5**(2), 160-169(1985)
6) 横地秀行ほか："丸のこ切削中の振動について(第2報)スリットの振動抑制効果"，木材学会誌，**39**(11)，1246-1252(1993)
7) K. W. Wang, *et al.*：" Vibration coupling analysis of band/wheel mechanical systems"，*J. Sound and Vibration*, **109**(2), 237-258(1986)
8) 凌　克臣ほか："帯のこの振動について(第1報)空転時における強制振動の理論分析"，木材学会誌，**35**(4)，293-298(1989)

第3節　平削り加工

3.1　機械および工具

平削り加工用の木材加工機械には，仕上げ鉋盤などがある。仕上げ鉋盤は，回転鉋盤によって切削された工作物の表面を，刃先角の小さい工具で薄く精密に平削りして，ナイフマークおよび目違いや毛羽立ちなどの欠点を除去し，工作物表面を平滑に仕上げる機械である。仕上げ鉋盤は，手鉋を大型にして，工作物の自動送り装置を付加した基本構造を持つ。

木材の平面を仕上げる普通の手鉋(hand plane)は，平鉋とも呼ばれる。平鉋は，図 3-19 に示すように，シラカシの鉋台に工具(鉋身)

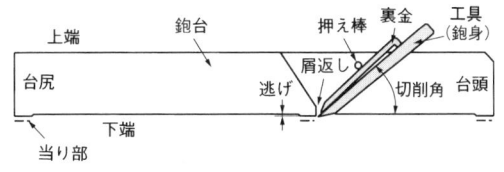

図 3-19　平鉋の構造

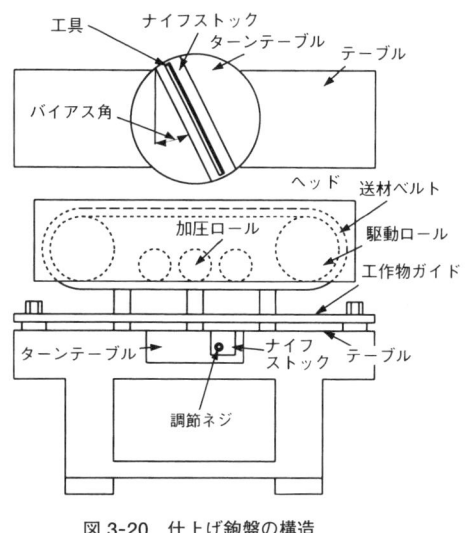

図 3-20　仕上げ鉋盤の構造

を叩き込み，その上に乗せた裏金(cap iron)を押え棒で押え込んだ構造である。鉋台の下側の面を下端(したば)と呼び，同一平面上に当たり部が揃うように調節する。[1]
刃先の突出量と裏金後退量の調整は熟練を要するが，切屑の厚さや長さを測定すると，比較的容易にできる。[2]

仕上げ鉋盤の構造例を 図 3-20 に示す。ゴム製の送材ベルトを装着するヘッドが，テーブルの真上でヘッドガイドに支持されている。テーブル中央には，工具を保持するナイフストックが装着される。工作物は，テーブルに押し付け

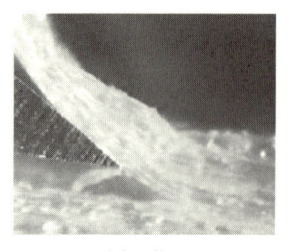

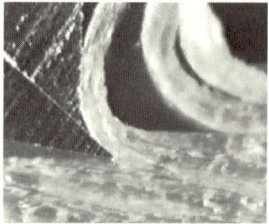

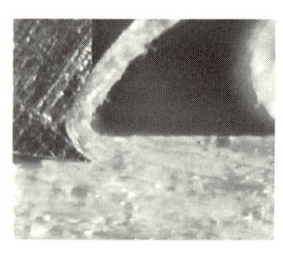

(a) 一枚刃　　　　(b) 二枚刃 (裏金刃角：50°)　　　　(c) 二枚刃 (裏金刃角：80°)

図 3-21　ホオノキを逆目方向に切込み量 0.1 mm で平削りしているときの写真

られ，送材ベルトで自動的に送られる。その際側方にずれないように，工作物ガイドが工作物の通り道の案内をする。刃先の突出量は，切屑の厚さを測定しながら，ナイフストックの調整ネジを回して調整する。ターンテーブルは，工具の刃先線をテーブル面上で回転させて，バイアス角を調整する。

3.2　加工方式

バイアス角が 0°となる平削りの二次元切削について，切屑生成の様子を図3-21 に示す[3]。裏金を装着しない一枚刃の場合，繊維の方向に先割れが発生しやすくなる。図 3-21(a) のように逆目切削の場合，先割れが母材側に進入すると，切屑側がある程度持ち上げられてから基部で折断され，その部分は逆目ぼれ (torn grain) となり，くぼみが残る。この逆目ぼれを防止するために，この持ち上げを防いで，先割れが進行しないように，平鉋や仕上げ鉋盤では，図 3-21(b) に示すような裏金が装着されている。

裏金は，摩擦力などにより切屑を母材側に押し返すように作用し，切屑を持ち上げようとする力を減少させて，先割れを防止する。先割れ防止効果は，裏金の刃先角が大きくなると，図 3-21(c) に示すように，大きくなる。

3.3　切削性能

仕上げ鉋盤は，約 50～100 m/min の速度で送材と自動返送を繰り返しながら能率的に作動する。切削抵抗や加工面粗さなどの切削性能は，切削長の増加に伴い次第に悪化する工具の切れ味にまず支配される。工具材種は，SKH51 のように靭性の大きいものが用いられる。寿命となる切削長は，樹種や加工条件により異なるが，1000 m 以下である。仕上げ鉋盤の裏金後退量は，最適値が存在する[4]。その値は切込み量が大きくなるほど，また硬い樹種ほど大きくなる。バ

第3節　平削り加工

イアス角を大きくすると，針葉樹のような柔らかい木材の切削面の品質が向上する。

切れ味の悪くなった工具は再研磨をするために，取り外して研磨する。取り付ける際に，刃先の突出量や裏金後退量を調整する手間がかかる。これを省くために，替刃式の工具が仕上げ鉋盤用に開発された。それを平鉋の刃の幅に切断して，図 3-22(a)に示すように，ホルダで挟み込むという応用が平鉋にもなされた。仕上げ鉋盤では上部ホルダーを緩めるだけで替刃を差し替えできる。マグネットで吸着されて，刃先の突出量は元の位置に簡単にセットできる。刃先は，図 3-22(b)に示すように，段付研磨され裏金がセットされた状態になっており，裏金調整の必要がない。また，すくい面にはクロムのような硬質皮膜がコーティングされ，耐摩耗性が著しく改善されている[5]。

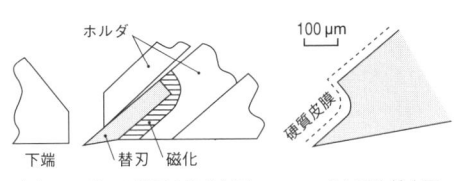

図 3-22　替刃式平鉋の替刃

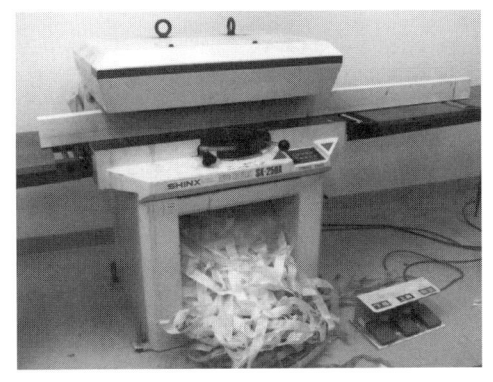

図 3-23　仕上げ鉋盤における切削の様子

図 3-23 は替刃式の工具を装着した仕上げ鉋盤で切削している様子を示している。右側から工作物を挿入するとオートリターンして返りに切削される。フットペダルでヘッドを上下させ工作物の厚さに合わせるように，コントロールし，両手は工作物の取り出しに使われる。

●引用文献
1) 木材加工教育研究会："技術・家庭教育講座　木材加工"，開隆堂，81-95(1983)
2) 河合康則ほか："木材の平削りの指導に関する技術的研究(第 2 報) 二枚刃縦切削における切削抵抗と切屑長さ"，日本産業技術教育学会誌，26(1)，21-27 (1984)

3) 河合康則ほか："平かんなの裏金作用についてのビデオ教材の開発"，日本産業技術教育学会誌，**31**(1)，37-44(1989)
4) 枝松信之："仕上げかんな盤による木材の切削加工"，木工機械，No. 61，7-12 (1973)
5) C. Kato *et al.* : "Wear characteristics of a wood working knife with a vanadium carbide coating only on the clearance surface (back surface)", Advanced Ceramic Tools for Machining Application - III, Key Engineering Materials Vols. 138-140, 479-520 (1998)

✤ 一口メモ ✤

木取りのいろいろ

　木取りとは，丸太あるいは半製材品を挽き材するに当たってその特質を生かしながら，市場性のある製材品を最低コストで生産できるように，採るべき製品の種類，寸法，およびそれらを採材する位置・方向・手順を決めることをいう。製材木取りの形式は，おおむね次のような基本形あるいはそれらの併用形に分類される。1)《だら挽き（丸挽き）》：図-a，中・小径木向きで作業が単純で，能率が上がり，製品歩留りも大となる。2)《回し挽き（ともえ挽き）》：図-b，大径木向きで，欠点を探りながら採材する。3)《かね挽き》：図-c，1)と2)の中間的な性格を持つ。4)《太鼓挽き（わく挽き）》：図-d，平行な2面で中央部を一定幅に挟み，太鼓状の材を得たのち，直角方向に細分する。製品内容が単純で，幅決め作業量が軽減される。5)《樹心割り（胴割り）》：図-e，大径木向き，柾目板を採材するのに用い，まず樹心を割る。6)《ミカン割り（柾目びき）》：図-f，銘木などの大径良質材から柾目板を採材するのに用いるが，非能率である。

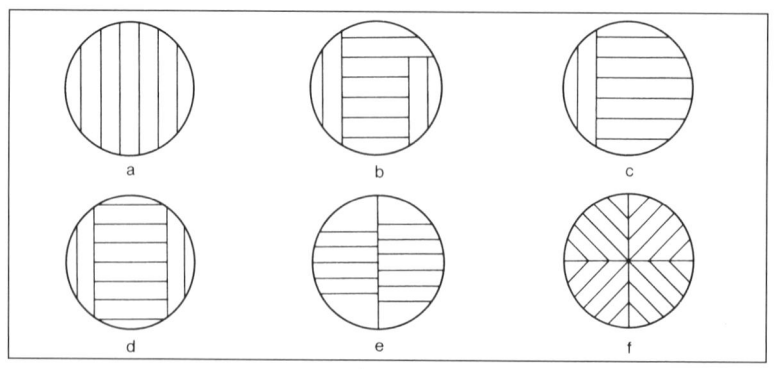

木取り図

第4節　回転削り加工

　回転削り加工とは，円筒の外周面あるいは端面に切れ刃をもつ工具を高速で回転させて，加工材を送り込んで切削する加工法の総称である。前者を外周削り(peripheral milling)といい，後者を正面削り(face milling)という。回転削りは，平面加工，型削り加工および穿孔加工などがある。ここでは平面加工に限って述べ，面取り盤，ルータ加工などの型削り加工は第3章第5節で述べる。

4.1　機械および工具

　代表的な機械として，鉋胴を回転させ工作物の表面を平面に仕上げ，基準面作製，厚さ決めに用いられる鉋盤がある。鉋盤には，平滑な仕上げ面を作製し，基準面を作る手押し鉋盤(hand feed planer，図3-24)，厚み規制を行う自動一面鉋盤(single surface planer，図3-25)，自動二面鉋盤(two side planer)および自動四面鉋盤(four side planer)などがある。そのほかに，ならい鉋盤，むら取り鉋盤，むら取り二面鉋盤，むら取り四面鉋盤，こば取り盤，円板鉋盤，ポータブルプレーナ，デッキプレーナなどがある。

　平面加工用工具の代表として，直刃式回転鉋用工具，ヘリカル式回転鉋用工具，正面フライス用工具，円板鉋用工具(図3-26)などがある。円板鉋用工具は，箱物類の段違いの仕上げ，および木口面の仕上げなど特殊用途に使用される。

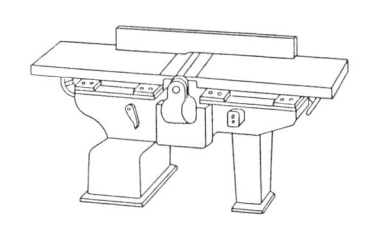

図 3-24　手押し鉋盤[2]

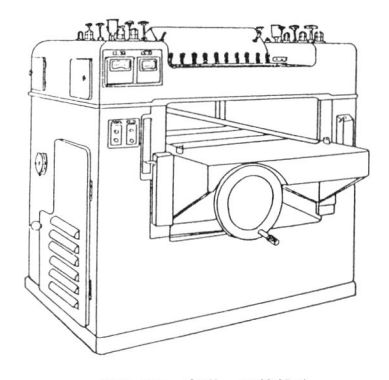

図 3-25　自動一面鉋盤[2]

4.2　刃先運動の軌跡

　フライス切削は，刃先の回転方向(切削方向)と工作物の送り方向の関係から二つの切削方式(図3-27)に分類される。両者が反対方向の場合を上向き切削(up cut，up milling)といい，同方向の場合を下向き

(a) ヘリカル式回転鉋用工具

(b) 直刃式回転鉋用工具

(c) 正面フライス用工具

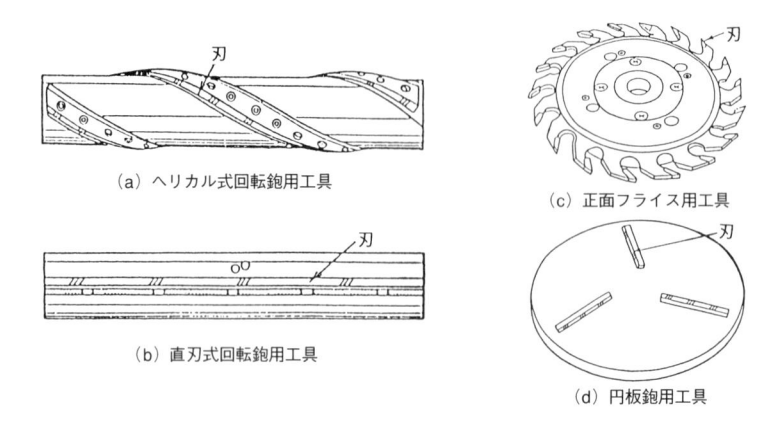

(d) 円板鉋用工具

図 3-26　平面加工用工具 3)

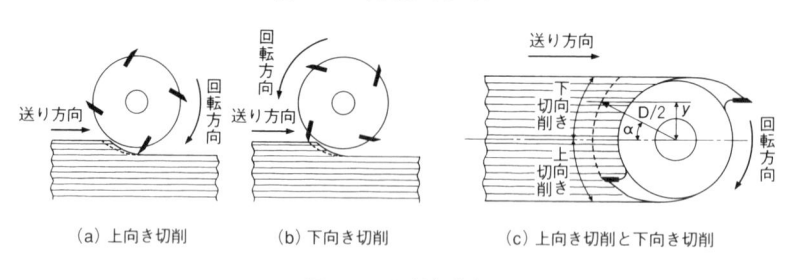

(a) 上向き切削

(b) 下向き切削

(c) 上向き切削と下向き切削

図 3-27　切削方式 3)

切削(down cut, down milling)という。回転鉋加工の場合は一般に上向き切削であるが，正面フライス加工の場合には切込み中の前半が上向き切削，後半が下向き切削になる。

　上向き切削では刃先が工作物に切り込んでから緩やかに最大切込み量に達するが，下向き切削では急激に最大切込み量となる。また，回転削りでは刃先が工作物に切り込んでから離脱するまでに，切削方向に対する繊維方向が刻々変化する。切削方向と繊維方向の関係により，上向き切削は逆目切削となり，上向き切削では順目切削になる。

(1) トロコイド

　フライス切削では，刃先の回転運動(主運動)と主軸に対する工作物の相対送り運動を合成した切削運動を考えなければならない。この運動は工作物に対する

第4節　回転削り加工

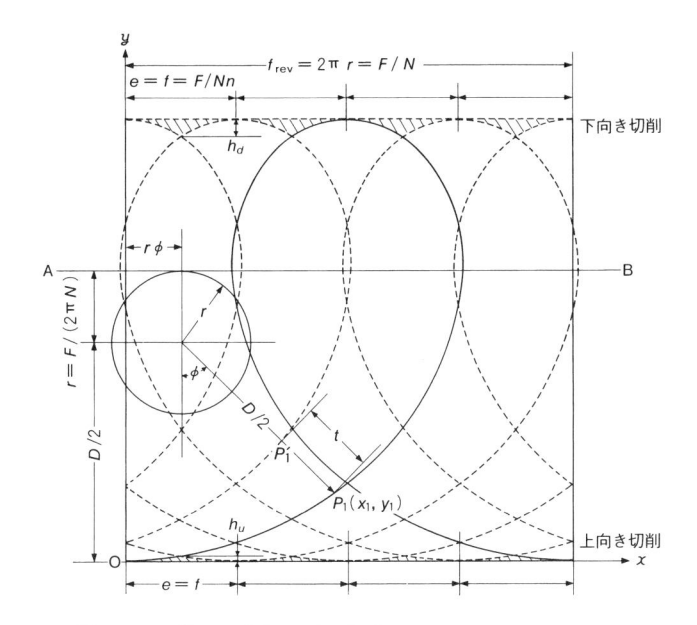

図 3-28　刃数 4 の場合の刃先の描くトロコイドとナイフマーク[3]

F：送り速度，N：回転数，n：刃数，D：切削円直径，r：転円の半径，t：切込み量，
$f_{rev}=F/N$：1 回転当たりの送り量，$f=F/Nn$：1 刃当たりの送り量，
h_d：ナイフマークの深さ（下向き切削），h_u：ナイフマークの深さ（上向き切削），
e：ナイフマークの幅，AB：導線

刃先の相対運動である。刃先の周速度に対して主軸に対する工作物の相対送り速度が無視できるほど小さければ，合成切削運動の軌跡は正円とみなすことができる。無視できない場合には，基礎円が転動する円外の1点の軌跡，すなわち，トロコイド(trochoid)になる。

図 3-28 に刃数が 4 の場合の刃先が描くトロコイドと切削面に形成されるナイフマーク(knife mark)を示す。半径 $r=F/(2\pi N)$ の基礎円（転円）が導線 AB を滑ることなく転がるとき，基礎円の中心より $D/2$ の距離にある動点（刃先）P_1 が x-y 軸の原点 O の位置から工具回転角 ϕ だけ回転したとき，$P_1(x_1, y_1)$ は，

$$x_1 = r\phi + \frac{D}{2}\sin\phi \tag{3-3}$$

$$y_1 = \frac{D}{2}(1-\cos\phi) \tag{3-4}$$

図 3-29 回転鉋各部の名称[4)]

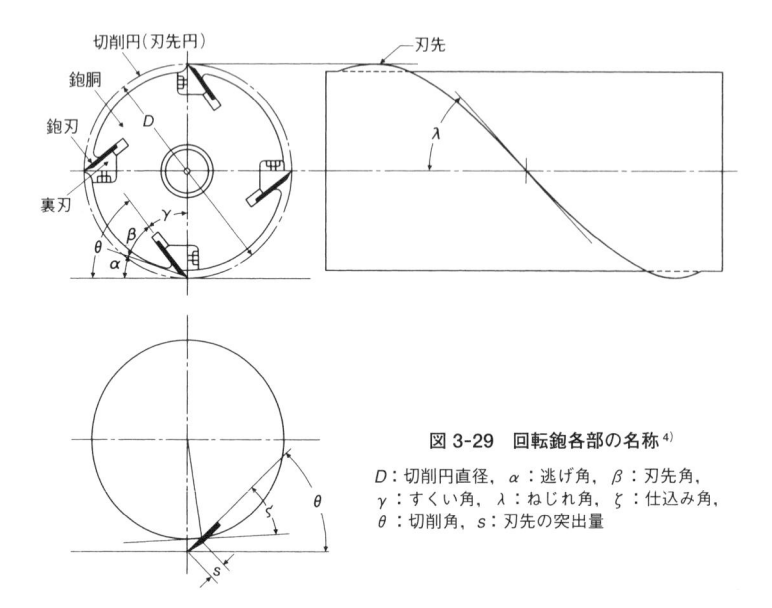

D：切削円直径, α：逃げ角, β：刃先角,
γ：すくい角, λ：ねじれ角, ζ：仕込み角,
θ：切削角, s：刃先の突出量

で表される．**図 3-28** において，下側は上向き切削のナイフマークで扁平，上側は下向き切削のナイフマークで深い凹形をなしている．

ただし，

$$\text{上向き切削の範囲：} 2m\pi - \frac{f}{D} < \phi < 2m\pi + \frac{\pi}{2} \tag{3-5}$$

$$\text{下向き切削の範囲：} 2m\pi + \frac{\pi}{2} < \phi < 2m\pi + \pi + \frac{f}{D} \tag{3-6}$$

$$m = 1, 2, 3, \cdots\cdots, \quad f = F/nN$$

ここで，r：回転円の半径，F：送り速度，D：切削円直径(刃先円直径)，N：回転数，n：刃数，f：1 刃当たりの送り量．一般には D に対して f が非常に小さく f/D は無視できる．

(2) 回転鉋および正面フライスの各部名称

図 3-29 および **図 3-30** を参照．工作物に対する刃先の相対運動を正円とみなし得るときは，刃先諸角度は両図のままの角度でよいが，みなし得ない場合には，トロコイドの接線を基準とする真の角度に修正する必要がある．上向き

切削の場合，刃先が原点 O の位置から ϕ だけ回転した時の真のすくい角 γ_{real} は，

$$\gamma_{\text{real}} = \gamma + \phi - \tan^{-1}\left(\frac{D\sin\phi}{2r+D\cos\phi}\right) \tag{3-7}$$

となる。

また，その時の真の繊維傾斜角 $\Phi_{1\,\text{real}}$ は，加工面での繊維傾斜角を Φ_1 とすると，

$\Phi_1 > \tan^{-1}\left(\dfrac{D\sin\phi}{2r+D\cos\phi}\right)$ のとき，

$$\Phi_{1\,\text{real}} = \Phi_1 - \tan^{-1}\left(\frac{D\sin\phi}{2r+D\cos\phi}\right) \tag{3-8}$$

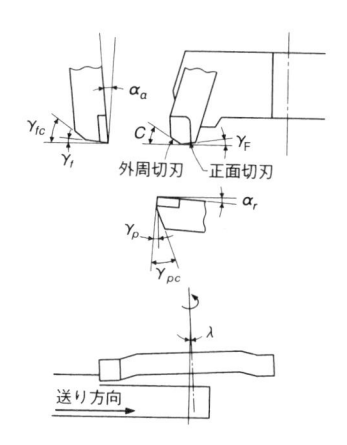

図 3-30　正面フライス各部の名称[5,6]

α_a：軸方向すくい角，C：外周切れ刃角，
α_r：半径方向すくい角，γ_F：正面切れ刃角，
γ_p：外周逃げ角，γ_{pc}：外周すきま角，
γ_f：正面逃げ角，γ_{fc}：正面すきま角，
λ：回転軸の傾き

となり，回転にしたがって次第に緩やかな順目切削となる。

$\Phi_1 < \tan^{-1}\left(\dfrac{D\sin\phi}{2r+D\cos\phi}\right)$ のとき，

$$\Phi_{1\,\text{real}} = \pi + \Phi_1 - \tan^{-1}\left(\frac{D\sin\phi}{2r+D\cos\phi}\right) \tag{3-9}$$

となり，回転にしたがって次第にきつい逆目切削となる。

また，工作物に対する刃先の相対運動が正円とみなし得るとき，回転鉋の切削角(θ)は，鉋胴の仕込み角(ζ)と刃先の鉋胴周面からの突出量(S)によって決められる(図 3-29)。鉋胴の直径を D' とすると

$$\theta = \zeta + \tan^{-1}\left(\frac{\cos\zeta}{(\sin\zeta + D')/2S}\right) = \tan^{-1}\left(\frac{2S + D'\sin\zeta}{D'\cos\zeta}\right) \tag{3-10}$$

となる。S が 1～2 mm と制限を受けるため，仕込み角より大きな切削角にするには刃裏を研磨することにより，すくい面に傾角(δ)をつける(図 3-31)。

回転鉋の切削能率を高め，良好な仕上げ面を得るには，全ての刃先を極めて

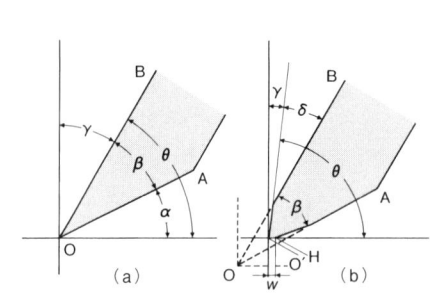

図 3-31 回転鉋の刃先の諸要素[4]

O：刃先，O′：縁取りした刃先，
H：ヒール，O′H：縁取り幅(w)，
OA：逃げ面(刃表)，OB：すくい面(刃裏)，
α：逃げ角，β：刃先角，γ：すくい角，
θ：切削角，δ：すくい面の傾角

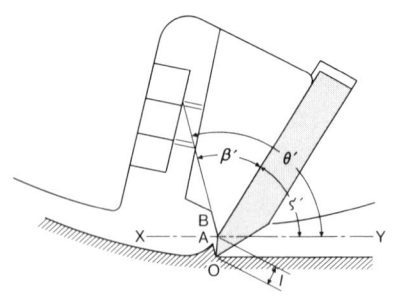

図 3-32 裏刃の諸要素[4]

OA：鉋刃のすくい面，AB：裏刃のすくい面，
XY：切削面における接線の方向，ζ：仕込み角，β'：裏刃の刃先角，θ'：裏刃のすくい面が切削面に対してなす角度($\theta'=\zeta+\beta'$)，l：鉋刃先と裏刃先の距離

高い精度で同一円周上に揃える必要があり，そのために刃先の縁取り研削(jointing, honing)が行われる。縁取り研削した刃先の逃げ角はほぼゼロとみなされる。

回転鉋における裏刃は押さえ刃とも呼ばれ，鉋刃を鉋胴に固定するために用いる。使用条件によっては逆目ぼれ防止の効果を有する。裏刃各要素の名称を図 3-32 に示す。また，ねじれ角(helix angle)をもった工具においては，主軸に垂直な断面での諸元の名称の前に"速度"と記し，切れ刃線に垂直な断面での諸元には"垂直"と記す。例えば，"速度すくい角(velocity rake angle)"，"垂直逃げ角(normal clearance angle)"のように記す。

(3) 回転削りにおける切込み量

回転削りにおいては，切屑厚さを切込み量という。図 3-28 の隣接する二つの刃先の描くトロコイドにはさまれた部分の切屑について考える。トロコイド上の任意の点 P_1 と転円の中心を結ぶ直線が前刃先の描いたトロコイドを切る点を P_1' とすると，$P_1 P_1'$ が幾何学的な切込み量 t となる。t は図式解法(ザケンベルグ(E. Sachenberg)の解法)[1]により，

$$t = \frac{\dfrac{F}{nN}\sin\phi}{1+\dfrac{F}{D\pi N}\cos\phi} \tag{3-11}$$

$\dfrac{F}{D\pi N} \ll 1$ のとき

$$t = \dfrac{F}{nN}\sin\phi = f\sin\phi \qquad (3\text{-}12)$$

となる。実際には，刃先周速度に対して送り速度が非常に小さい場合が多く，トロコイドを正円の連続とみなし得る(図3-33)。

したがって，二つの円にはさまれた部分の切屑を考えた場合，切削深さを d とすると，切込み量 f および最大切込み量 $t_{\max}$ は，

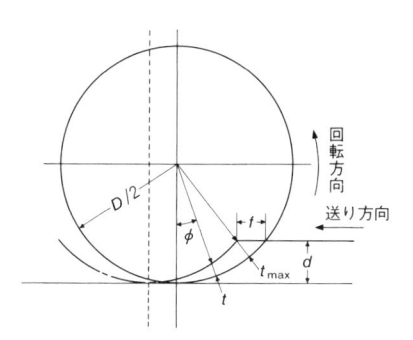

図 3-33　切込み量[3)]

t：切込み量，$t_{\max}$：最大切込み量，
f：1 刃当たりの送り量，d：切削深さ，
D：切削円直径，ϕ：工具回転角

$$t = f\sin\phi \qquad (3\text{-}13)$$

$$t_{\max} = f\sin\left[\tan^{-1}\left(\dfrac{\sqrt{Dd-d^2}-f}{\dfrac{D}{2}-d}\right)\right] \qquad (3\text{-}14)$$

$D \gg d,\ f$ のとき，

$$t_{\max} = 2f\sqrt{\dfrac{d}{D}} \qquad (3\text{-}15)$$

平均切込み量 t_{m} は，

$$t_{\mathrm{m}} = f\sqrt{\dfrac{d}{D}} \qquad (3\text{-}16)$$

で表される。

(4) ナイフマークの幅と深さ

ナイフマークの幅 e は 1 刃当たりの送り量に等しい。

$$e = f = \dfrac{F}{nN} \qquad (3\text{-}17)$$

ナイフマークの深さ h_0 は，

$$h_0 = \frac{f^2}{4D\left(1 \pm \dfrac{F}{D\pi N}\right)^2} \tag{3-18}$$

$1 \gg \dfrac{F}{D\pi N}$ のとき，

$$h_0 = \frac{f^2}{4D} \tag{3-19}$$

　上式は各刃先が正しく同一円周上に揃っていると考えた場合であるが，実際には各刃先は不揃いになる．不揃いの量が許容限度を越えると，ナイフマークを加工面に残す刃と残さない刃とができる．前者を有効刃といい，その刃数を有効刃数 n' と呼ぶ．その場合，前式の n は n' に置き換えられ，f は f' となる．

$$f' = \frac{F}{n'N} \tag{3-20}$$

(5) 正面フライス切削におけるナイフマーク(knife mark)

　正面フライス切削では，加工面にトロコイドを集積した送りマークが残る．送りマークは刃のかえりによって網目模様となる．刃のかえり防止のために一般には工具を 図 3-30 のように λ だけ傾ける．それにより波目模様に変わり，中凹になる．これをヒーリング(heeling)という．工具の周速度に比較して材の送り速度が非常に小さいため，トロコイドは

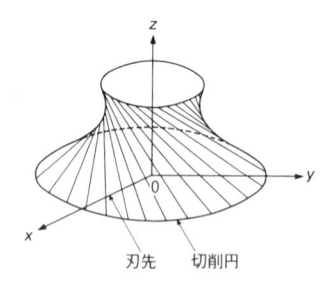

図 3-34　単双曲回転面[3]

円弧とみなして差し支えない．加工面は一般に正面，外周両切れ刃が主軸のまわりに回転してできる二つの回転面の連なり（単双曲回転面，図 3-34）と考え得る．そこで，送り方向に平行で主軸の中心から距離 y の位置での垂直断面におけるナイフマークの深さ H_y は次式で近似される．

$$H_y = f(\cos \eta \tan \gamma_F + \tan \lambda)\frac{\tan C}{\tan \gamma_F + \tan C} \tag{3-21}$$

ただし，$\eta = \sin^{-1} 2y/D$．

ここで，γ_F：正面切れ刃角，C：外周切れ刃角，f：1 刃当たりの送り量，λ：

回転軸の傾き角。

4.3 切削性能

一般に鉋盤の刃数は3ないし4枚，回転数は4000〜6000 rpm，送り速度は5〜30 m/min である。工作物の大きさは，厚み150〜450 mm，幅200〜300 mm である。1刃当たりの切込み量は小さいが，全体としては工作物を多く削り取ることができる。回転削りは高速切削であること，切削作用が断続的であることなどが特色である。以下に性能について述べる。

(1) 切削抵抗

一般に回転削りにおける切削低抗は主分力成分をいう。主軸にかかるトルク (torque) が時間の関数 $T(t)$ で表されるとき，切削抵抗 $P(t)$ は，

$$P(t) = \frac{2T(t)}{D} \tag{3-22}$$

で表される。平均切削抵抗 P_{ave} は次式で与えられる。

$$P_{\text{ave}} = \frac{1}{t_e}\int_0^{t_e} \frac{2T(t)}{D}dt = \frac{2}{Dt_e}\int_0^{t_e}T(t)dt = \frac{2T_{\text{ave}}}{D} \tag{3-23}$$

ここで，t_e：切削開始から終了までの時間，T_{ave}：平均トルク。

平均切削抵抗が $P_{\text{ave}}(\text{N})$，平均トルクが $T_{\text{ave}}(\text{N}\cdot\text{m})$，回転数が $N(\text{rpm})$ のとき，切削所要動力 $W(\text{W})$ は，

$$W = P_{\text{ave}}\left(\frac{D\pi N}{60}\right) \fallingdotseq 0.105NT_{\text{ave}} \fallingdotseq 0.105NT_{\text{ave}} \tag{3-24}$$

で表される。なお，平均トルクより求める平均切削抵抗は，切削速度や鉋胴の慣性モーメントの影響をほとんど受けないが，最大トルクより求める最大切削抵抗は鉋胴の慣性モーメントの2乗根に反比例し，切削速度に反比例する(図3-35)。

したがって，切削速度を増加すれば切削能率を高め，かつ最大切削抵抗を減少させるが，それにより刃先温度が高くなる。そのため，それに付随する刃先寿命を考慮する必要がある。切込み量が大きくなると切削断面積(切削幅×切込み量)が増加すると同時に，切屑生成機構が折れ型や縮み型などに移行し切削抵抗は増大する。切削断面積に直接関与する切込み量は，回転数，刃数，送り速度，切削深さおよびねじれ角によって決定される。

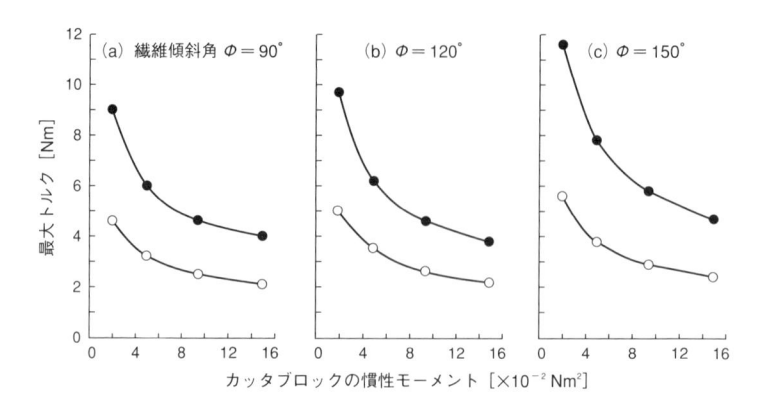

図 3-35　カッタブロックの慣性モーメントおよび切削速度と主軸にかかる最大トルクの関係[7]

回転数　─○─ 2000 rpm　─●─ 1000 rpm

(2) 切削断面積

切削断面積とは，切削中のある瞬間における刃先各点での切込み量を切削幅方向に積分したもので，1刃1回の切削中に変化する。1刃1回の切削における切削断面積は，ねじれ角が大きくなるにつれ，工具回転角に対する傾きが小さくなり，極大値も小さくなる（図 3-36）。また，1刃1回の切削における主軸にかかるトルクは切削断面積の影響を大きく受けている（図 3-36）。

(3) 繊維傾斜角

平削りでは，繊維傾斜角 $\Phi_1 = 160 \sim 165°$ で切削抵抗は最大値をとる。しかし，回転

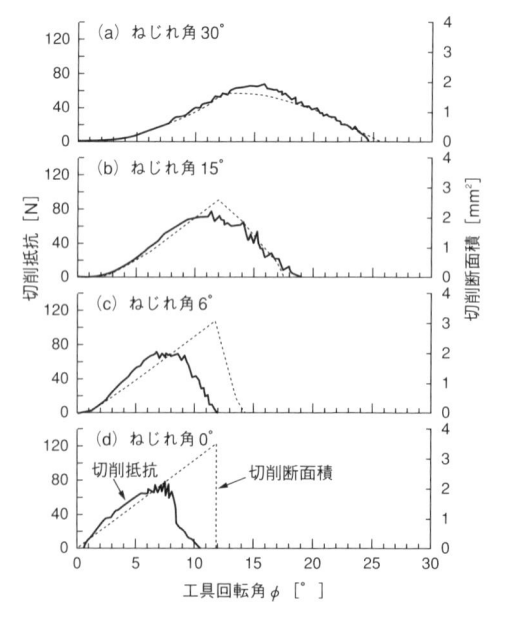

図 3-36　工具回転角と切削抵抗および切削断面積の関係[8]

速度すくい角：35°，速度逃げ角：15°，切削円半径：64 mm
回転数：120 rpm，送り速度：90 mm/min，1刃当たりの送り量：0.75 mm
上向き切削，切削深さ：1.5 mm，切削幅：25 mm
スプルース（密度：0.42 g/cm^3，含水率：9.5 %）

削りでは加工面上での繊維傾斜角 $\Phi_1 = 100 \sim 110°$ で最大値をとる。これは，1刃1回の切削中に真の繊維傾斜角 $\Phi_{1\,real}$ が刻々変わるためである。

● 引用文献
1) The Cincinati Milling Machine Co.："A Treatise on milling and milling machine"，ラジオ技術社，102(1964)
2) JIS用語辞典　II機械編，日本規格協会，549，551(1978)
3) 浅野猪久夫編："木材の事典"，朝倉書店，252，254，255，256(1982)
4) 枝松信之ほか："製材と木工"，森北出版，245，250，251(1967)
5) 稲田重男ほか："切削工学"，朝倉書店，36(1975)
6) 横地秀行ほか："木材の正面フライス削りについて(第1報)加工面形成の幾何学と理想的条件下でのナイフマーク深さの計算"，木材学会誌，**24**(11)，815-821(1978)
7) 木村志郎ほか："周刃フライス切削におけるカッタブロックの慣性モーメントの影響"，木材学会誌，**26**(7)，449-454(1980)
8) 横地秀行ほか："ねじれ刃フライス切削(第4報)ねじれ角と一刃一回の切削抵抗の関係"，木材学会誌，**30**(5)，376-383(1984)

❖ 一口メモ ❖

割る加工と挽く加工

わが国で鉄が木材切削用として使われだしたのは，今から2000年程前の弥生中期とされている。その頃から千数百年間，鋸は横挽く用のものだけで，縦挽き用の鋸が出現したのは，今から精々500〜600年程前のことである。その間，繊維方向に形状を整え仕上げるのは，もっぱらくさびなどで割ることによって行われていた。柱や板を割ることによって生産できたのは針葉樹の大径木が豊富にあったからであり，それらが少なくなってきたり，広葉樹などを使うようになると，必然的に縦挽きの鋸を必要とすることになる。このような割る加工から挽く加工への移行は，加工方法の改善が，新しい資源や素材の利用を可能にし，新しい材料の出現が工具や機械の改善を促すという現代の生産技術発展過程の一つの原初的な例といえるだろう。

第5節　型削り加工

　型削り加工(moulding, sharping)とは，高速で回転するカッタ軸に取り付けられた面形の刃物によって，工作物の一部分あるいは一側面などを削り取って所要の形を作る加工をいう(図3-37, 38)。自動三(three side planing and moulding machine)，四面鉋盤(four side planing and moulding)により工作物を直線送りしてその面型を削るモルダ加工のほかに，ほぞ取り盤(tenoning machine)，ルータ(router)，面取り盤(spindle shaper)，木工フライス盤(wood milling machine)による面取り加工，さらに，ありはぎ盤(dovetail jointer)やダブテールマシン(dovetail machine)，コーナロッキングマシン(corner locking machine)などによる継手加工(jointing)も含まれる。

図3-37　木材側面の溝突き加工の例

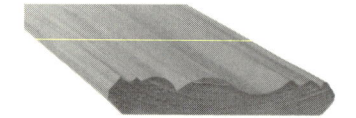

図3-38　型削りの例

5.1　機械および工具

(1)　モルダ

　自動一面(single surface planer)あるいは自動二面鉋盤(double side planer)といった回転削り加工機械の送り出し側にさらに一つあるいはそれ以上の縦回転軸を備えた機械で(図3-39)，図3-40に示すような刃物を取り付けて材の4面を1回の送材で削り，かつ溝を突いたり，飾り面を削ったりすることができる。作業能率が高く，仕上がり面も美しいため主に量産工場において用いら

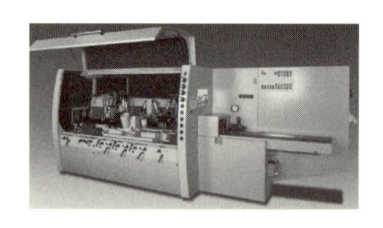

図3-39　モルダ
(ミカエル・ヴァイニッヒ・ジャパン社カタログより)

図3-40　モルダ用刃物
(ライツ社カタログより)

第5節　型削り加工

れる。詳しい説明は第3章第4節回転削り加工の項にゆずる。

(2) 木工面取り盤

面取り(shaping)とは，工作物の周面をその形状に応じて作成された刃物を使って面型に削る加工をいい，そのために使われる機械が面取り盤である。カッタ軸が1本の単軸面取り盤，2本の複軸面取り盤や，自動送りされるテーブルとならい装置が付けられ，椅子の脚などのような細長い材料をモデルの形状どおりに加工する直線送りならい面取り盤，回転テーブルとならい装置が付けられ，テーブル天板などの側面をモデルの形状と同じ形状に加工できる回転送りならい面取り盤などがある。図3-41は代表的な単軸面取り盤である。

図3-42に主要部分を示したが，通常，単軸のカッタ軸(主軸)に図3-43に示すような工具を取り付けて直線面や曲線面の加工を行う。しかし，単軸では加工時に逆目切削となる場合があるため，これを避けて作業能率を高めるため逆方向に回転する主軸を備えたものが複軸面取り盤である。

カッタ軸回転数は良好な加工面を得るためには5000～10000 rpmの回転数が必要で，そのために軸受けに対しては次に述べるルータと同様に強制循環給油方式が取られる。

(3) ルータ

ルータは，昇降可能なテーブル，ならい

図3-41　単軸面取り盤
(庄田鉄工社カタログより)

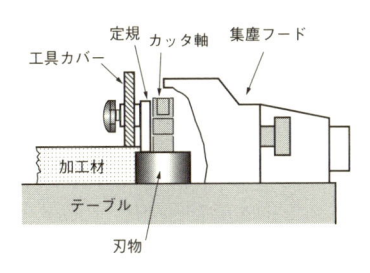

図3-42　一軸面取り盤の加工部分の模式図

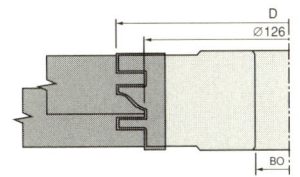

図3-43　面取り盤取り付け刃物例
(下図は加工断面)
(ライツ社カタログより)

加工や治具加工を行う時に使用するセンタピンや面取り加工を行う時に使用する定規が付けられた，治具を用いて手動で操作する簡単な構造の汎用機械である（図 3-44）。また，工作物を取付けるテーブルやカッタ軸の動きを X, Y, Z 3 方向にコンピュータにより制御できる数値制御ルータ（NC ルータ）があり，高能率かつ精密な加工を行うことができる（第 4 章第 2 節自動制御加工の項参照）。

図 3-45 に示すような刃物（ルータビット）が機械前面で垂直下向きに回転し，その下面にある昇降傾斜が可能なテーブル上においた工作物を操作することで工作物側面，上面ないし内面の加工を行う。主軸回転数はビット径に依存するが，通常，良好な加工面を得るため主軸を 10000～20000 rpm という高速で回転させる。そのため，軸受けは強制循環給油方式（少量の潤滑油を遠心力により噴霧状にベアリングに吹き付ける方式）となっている。

ルータビットの直径は一般に 6～55 mm の範囲にあり，実用上直径 15 mm 以上では 3 枚刃が，それ以下では 2 枚刃が用いられる。1 枚刃では **図 3-46** に示すように加工面が粗くなるため精密な加工には適さないとされる。

ルータビットは工具が棒状で直径が小さいため，1 刃当たりの切込み量が大きくなる。これを避けるため高速で回転させて用いるが，工作物と刃先とが接触する回数は

図 3-44 汎用ルータ
（庄田鉄工社カタログより）

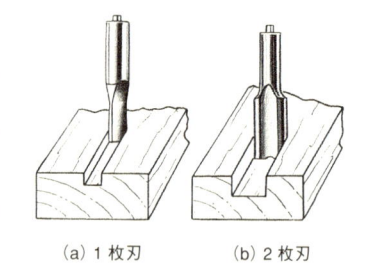

(a) 1 枚刃　　(b) 2 枚刃
図 3-45 ルータビット

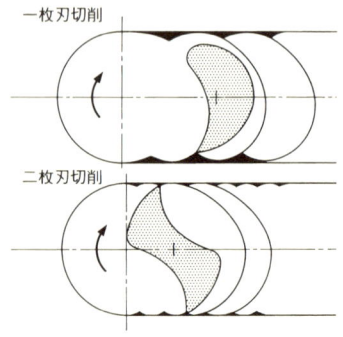

一枚刃切削

二枚刃切削

図 3-46 ルータビットによる切削の様子

他の回転刃物に比べてはるかに多く，切削温度も高い。このため寿命を延ばすために刃先に超硬合金をろう付けしたものがある。また，切削抵抗と騒音を抑え高速加工で美しい仕上がりを得るため，刃先が螺旋(らせん)状になったスパイラルビット(図3-47)もある。

図 3-47 スパイラルルータビット
(ライツ社カタログより)

(4) 木工フライス盤

カッタ軸が垂直に取り付けられた木工立フライス盤(vertical woodmilling machine)，水平に取り付けられた木工横フライス盤(horizontal woodmilling machine)のほかに，木工万能フライス盤(universal wood milling machine)や木工彫刻盤(carving machine)などがある。構造はルータに類似するが，木工錐やカッタなど多様な工具が取り付けられて使用されるため，主軸回転数はルータに比べて低く設定されている。工作物を取り付けたテーブルを前後左右に移動させ，内側や外側の加工を行う。

図 3-48 ダブテールビット

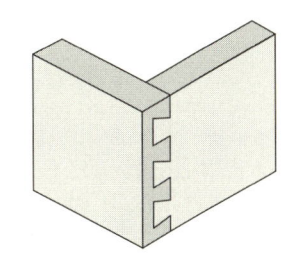

図 3-49 ダブテール

(5) その他

工作物の一端，または両端にほぞ(木口端に突起を加工したもの)をつくる機械としてほぞ取り盤がある。単軸(縦軸および横軸のものがある)のものは面取り盤に似た構造であるが，主軸にほぞ取り平カッタやほぞ取り面カッタをほぞの厚さと同じ厚さの間座金をはさんで取り付けて使用する。カッタ軸を複数もつものを多軸ほぞ取り盤という。また，板材の木口や木端どうしを接合するための仕口加工をする加工機械としてダブテールマシン，コーナロッキングマシンなどがある。図 3-48 は図 3-49 に示すダブテールを加工するためのビットである。

5.2 切削性能

フライスカッタによる回転削りでは下向き切削で短く厚い切屑が，また，上向き切削で薄くて長めの切屑が生成する。このため，一般に切削抵抗は下向き

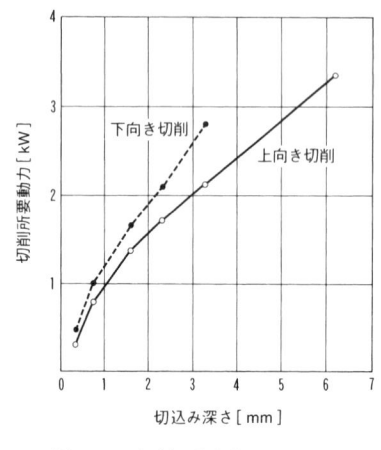

図 3-50　切削の向きと切削所要動力[1]

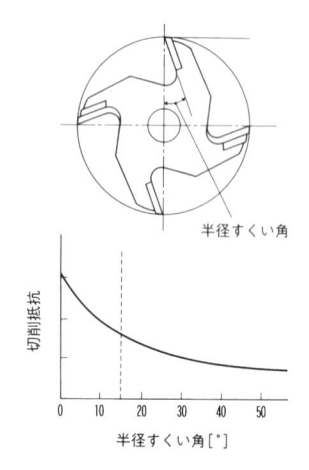

図 3-51　半径すくい角[2]

切削の方が大きくなる[1]（図 3-50）。

　正面フライス(face mill)やルータによる加工(routing)では，一連の切削において上向き切削(up milling)と下向き切削(down milling)が連続しておこる（図3-27(c)参照）。切削抵抗は被削材の繊維方向や送材速度，ビットの半径すくい角による影響を受ける。図3-51にルータ切削における，半径すくい角(radial rake angle)との切削抵抗(切削力)の関係を繊維方向や送材速度を変化させて求めた場合の例を示したが[2]，概して，切込み量が小さく，また，半径すくい角が大きほど切削抵抗は小さくなる傾向にある。

●引用文献

1) 枝松信之ほか："製材と木工"，森北出版，317-318(1970)
2) 小松正行："ルータビットにおける外周切刃の刃角条件と切削性能(第1報)切削力と加工面粗さに及ぼす半径方向すくい角の影響"，木材学会誌，**39**(6)，628-635(1993)　（一部改変）

第6節　旋削加工

　旋削(turning)は，回転軸の一端に工作物を取り付けて，工作物を回転させながら，工作物に工具(バイト)の切れ刃を接触させて切削を行う加工方法である。このような加工を行う機械を旋盤(レース；lathe)という。

6.1　旋削の種類

　旋削には，切削する面(外面・内面・端面)，目的とする形状(曲面・テーパ・ねじ)や工具の送り方向(回転軸に対して平行・直角)等の違いによって図3-52に示すような種類がある。[1-3]

6.2　旋削用工具

　木工用バイト(chisel, single point tool)には図3-53に示すようなものがあり，[4-7]旋削の種類によって適切なものが選ばれる。切削部の寸法に関する諸量を図3-54に示す。[8]

6.3　切削性能

(1) 切削抵抗

　切削性能は，切削抵抗(cutting resistance)，切削力(cutting force)，所要動力(cutting power)で評価されることが多い。

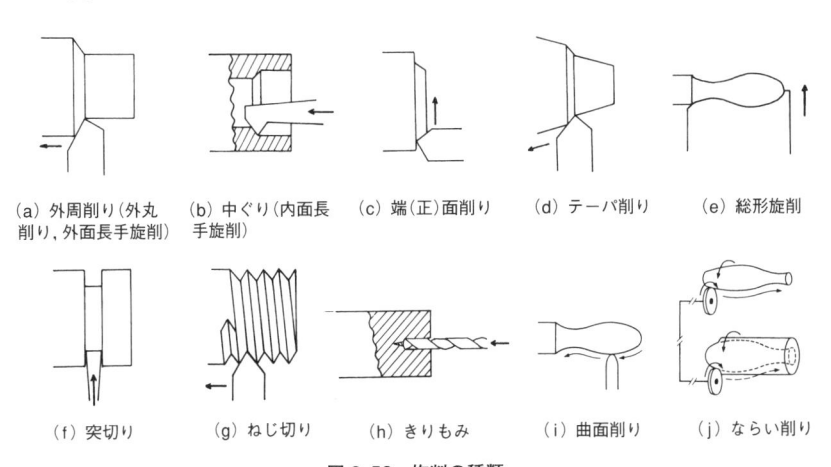

(a) 外周削り(外丸削り，外面長手旋削)　(b) 中ぐり(内面長手旋削)　(c) 端(正)面削り　(d) テーパ削り　(e) 総形旋削

(f) 突切り　(g) ねじ切り　(h) きりもみ　(i) 曲面削り　(j) ならい削り

図3-52　旋削の種類

(a) 平バイト
(b) 斜めバイト（斜剣バイト）
(c) 剣バイト（剣先バイト）
(d) 丸バイト
(e) 丸のみバイト
(f) 突切りバイト
(g) 中ぐりバイト
(h) カップバイト

図 3-53　木工用バイトの種類

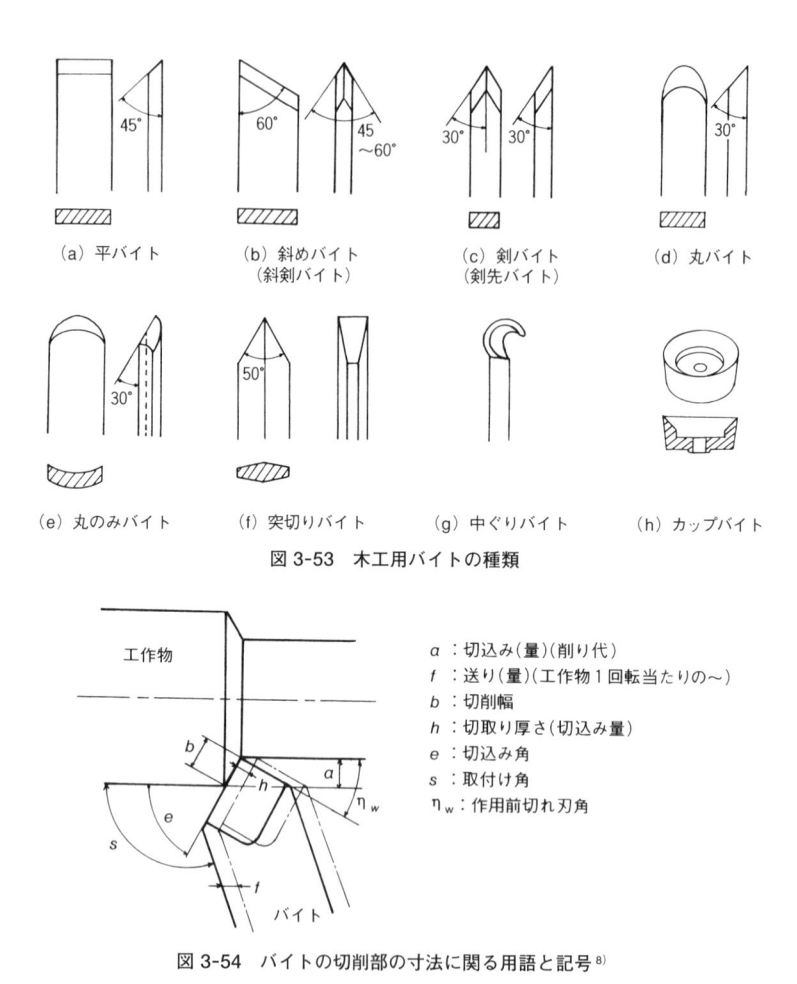

a : 切込み(量)(削り代)
f : 送り(量)(工作物1回転当たりの～)
b : 切削幅
h : 切取り厚さ(切込み量)
e : 切込み角
s : 取付け角
η_w : 作用前切れ刃角

図 3-54　バイトの切削部の寸法に関する用語と記号[8]

図 3-55 に示すように，外周削りを例にとり，切削抵抗を切削方向の主分力 R_1，バイトの送り方向の送り分力(横分力) R_3，これら二つの分力に直角方向の背分力 R_2(平削りにおける切削抵抗の各分力の呼び方と異なる)とに分け考えると，これらの分力は次のような意義をもつ。[9]

主分力(main cutting resistance(component)) R_1　旋盤の主軸に加わるトルク (R_1×加工物半径)，主軸の駆動動力(切削運動動力)(R_1×切削速度)，切削点で発生する熱量(＝主軸の駆動動力/熱の仕事当量)などが主分力に比例する。一般に他の分

力に比べて大きく重要であるので，単に切削抵抗といった場合にはこの分力を指す場合がある。

背分力(normal cutting resistance(component)) R_2　この方向には工具と被削材の相対的な動きはないので，この分力は動力とは直接には関係しない。しかし R_2 は工作物や工具に半径方向の弾性変形を起こさせるから，この方向の剛性が小さい場合には工作物の直径誤差の原因になる。また R_2 が変動すると加工面粗さが大きくなる。

送り分力(横分力)(feed cutting resistance (component)) R_3　主軸に加わるスラスト(軸線方向の力)であり，送りねじ等の送り機構に加わる力や送り動力(送り運動動力)も基本的には送り分力に比例する(実際には往復台とベットとの間の摩擦力等が加わり，しかもそれがかなりの割合を占めることが多い)。

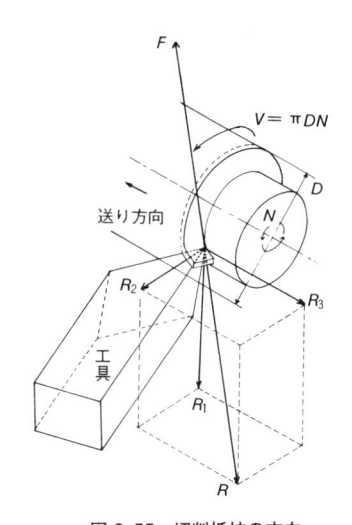

図3-55　切削抵抗の方向

R：切削抵抗，R_1：主分力，R_2：背分力，R_3：送り分力(横分力)，N：回転数，V：切削速度(周速)，D：工作物の直径，F：切削力

正味動力(net cutting power) W は次式によって求められる。[10]

$$\text{正味動力}\quad W = W_1 + W_3 \tag{3-25}$$

$$\text{切削運動動力}\quad W_1 = R_1 V \tag{3-26}$$

$$\text{送り運動動力}\quad W_3 = R_3 N f \tag{3-27}$$

ここで，V：切削速度，N：回転数，f：工作物1回転当たりの送り量。

(2) 加工面粗さ

バイトノーズ部(コーナ部)丸みの直径，工作物1回転当たりの送り量と加工面の幾何学的粗さとの関係は次式のようになり，直径あるいは1回転当たりの送り量が大きくなると，加工面粗さは大きくなる。[11]

$$h_r = \frac{f^2}{4D_c} \tag{3-28}$$

ただし，h_r：幾何学的粗さ，f：工作物1回転当たりの送り量，D_c：ノーズ部

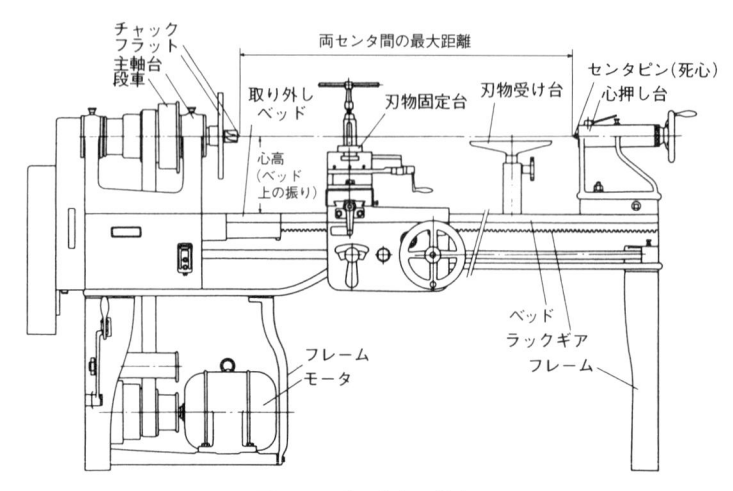

図 3-56 木工旋盤の構造

の丸みの直径。

6.4 旋削機械

広義には，主に棒状のあるいは円板状の木製品をバイトなどによって旋削加工する機械の総称である。狭義には，普通旋盤を指す。切削方法からすると旋削ではないが，カッタ旋盤・自動ならい旋盤・自動丸棒削り盤も旋盤の一種として扱われる。木工旋盤の構造図を図 3-56 に示す。木工旋盤には以下のようなものがある。なお，特殊なものに単板切削用のベニヤレース(ロータリーレース)があるが，第3章 第9節で述べる。

(1) 普通旋盤(wood lathe, wood turning lathe)

工作物をベッドの一端に設けた主軸(活心)と心押し軸(死心)との間に取り付けて回転させ，これを刃物台(刃物固定台，刃物受け台)上の工具で加工する旋盤である。

(2) 正面旋盤(前削り旋盤；wood face lathe)

主軸につけた大型の面板(鏡板)に工作物(長さに比べて直径が大きい)を取り付け，工具を面板にほぼ平行に送りながら加工する旋盤である。心押し台は無い。

(3) 穴あけ旋盤(wood boring lathe)

工作物の取り付けは一対のチャッキングカップによって行い，工作物の一端

からさじ状のバイトで旋削し，深い穴をあける。

(4) カッタ旋盤(wood shaping lathe)

工作物を低速で回転させると同時に，高速で回転する工具によって加工する旋盤である。

(5) ならい旋盤(wood copying lathe)

モデルをトレーサによってなぞり，工具にトレーサと同じ動きをさせることによって，モデルと同じ形状に工作物を加工する旋盤である。

(6) 自動ならい旋盤(wood copying lathe, wood profiling lathe)

モデルと工作物に低速で同じ回転運動を与え，モデルをトレーサが軽く接触しながらなぞり，高速回転のバイトがこのトレーサと同じ動きをしながら工作物を加工する旋盤である。

(7) 自動丸棒削り盤(round bar making machine)

自動送り込み装置を備え，回転する中空鉋胴の内側に向かって取り付けた工具により丸棒を削り出す機械である。

(8) ろくろ

簡単な構造の正面旋盤で，ベッド・刃物台は木製が多い。ほかにラック送り旋盤，多刃旋盤などがある。

● 引用文献

1) 日本材料学会木質材料部門委員会編："木材工学辞典"，工業出版，331(1982)
2) 越後亮三ほか："機械工学辞典"，朝倉書店，538(1988)
3) 中山一雄ほか："機械加工"，朝倉書店，5(1991)
4) 職業訓練研究センター編："木工機械"，社団法人雇用問題研究会，116-117(1987)
5) 日本材料学会木質材料部門委員会編："木材工学辞典"，工業出版，464(1982)
6) 林業試験場："木材工業ハンドブック 改訂3版"，丸善，353(1982)
7) 福井　尚："脚部材の旋削加工法"，fi(Furnishing Industry)，49-55(1974)
8) 中山一雄ほか："機械加工"，朝倉書店，22，102(1991)
9) 中山一雄："切削加工論"，コロナ社，94-95(1978)
10) 曾田俊夫ほか："切削工学"，コロナ社，286-287(1981)
11) 浅野猪久夫："木材の事典"，朝倉書店，262(1982)
12) 平井信二ほか："合板"，槇書店，45(1932)

第7節　穿孔(せんこう)加工

穿孔加工には，丸穴の加工とほぞ穴などの角穴の加工の二種類がある。

7.1　機械および工具

(1) ボール盤

回転する穴あけ工具であるビット(bit)あるいはドリル(twist drill)に送りを与えて，丸穴の加工を行う機械をボール盤(borer, drilling machine, drill press)という。汎用機械として，工具を手動送りする卓上ボール盤(図 3-57)や手動送りと自動送りも可能な直立ボール盤が用いられる。木材加工用の専用機械としては，木工ボール盤，木工多軸ボール盤などがあり，一般の穴あけ加工のほかに，だぼ穴加工に広く用いられている。また，ルータユニットを装備したCNCボール盤もある。

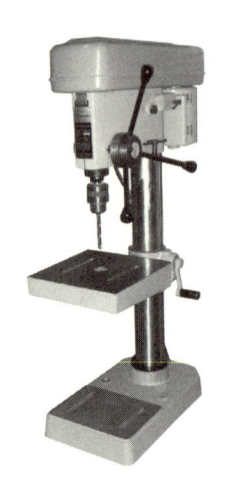

図 3-57　卓上ボール盤

(2) 角のみ盤

ビットによる丸穴の加工と角筒形の角のみ(箱形のみ)による押切りによって，ほぞ穴などの角穴の加工を行う機械を角のみ盤(hollow chisel mortiser)という。実用機械には，ビットと角のみを手動送りする角のみ盤(図 3-58)のほかに，自動多頭角のみ盤や可搬角のみ盤，チェーン穿孔盤などがある。さらに，ビットと角のみの送りを油圧や空気圧によって自動的に操作するタイプも見られる。

(3) 工　具

丸穴の加工において使用されるビットおよびドリルの先端形状および各部の名称を 図 3-59 に示す。ビットは先細型の中心ぎりとけづめを有し，主に板面の穴あけ加工に用いられ，シャンク(柄)はストレー

図 3-58　角のみ盤

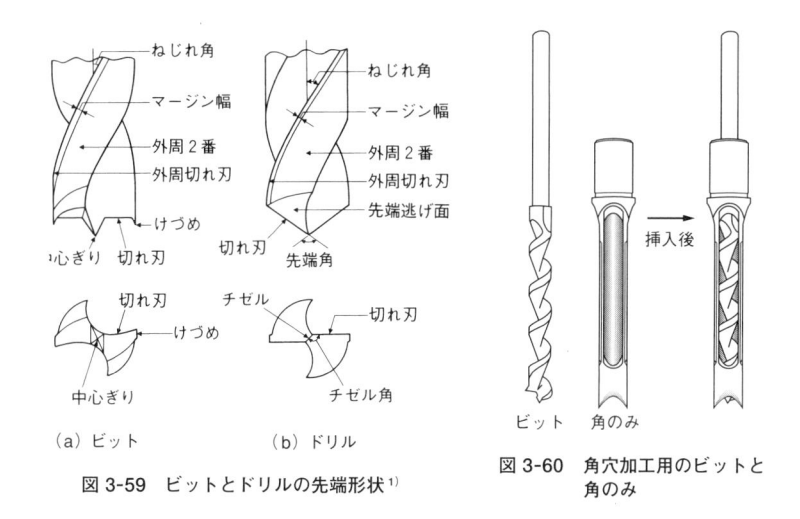

図 3-59　ビットとドリルの先端形状[1]

図 3-60　角穴加工用のビットと角のみ

トタイプのほかに，ねじタイプも見られる。ドリルは一般に木材の木口面の穴あけ加工に用いられ，その先端角は100°付近が最適である[1]。角穴の加工では，図 3-60 に示すようにビットを角のみに挿入して用いる。

7.2　切削機構

木材の，とくに板目面の丸穴の加工では，工具の1回転中における切れ刃と木材の繊維方向の関係は0°から360°まで変化するために，切削抵抗が大きく変動し，加工穴の形状を正円に仕上げることは困難である。加工穴の内壁は，ビットではけづめにより，ドリルではマージンにより形成される。切屑は，工具先端切れ刃により生成されて，ねじれ溝を通って排出されるが，深穴加工では排出が困難になる。工具の切削速度 V (m/min) は，工具中心の速度0から外周部の最大速度まで変化するが，通常，工具の周速で表し，工具の直径を D (mm)，回転数を N (rpm) とすると，$V = \pi DN/1000$ で表される。

一方，角穴の加工では，角のみの中で回転するビットによって丸穴の加工を行うと同時に，その周辺部を角のみの四隅で押し切りして角穴があけられる。切屑はビットのねじれ溝を通って，角のみの排出窓から排出される。

7.3　切削性能

(1) 切削抵抗

ビットあるいはドリルによる穴あけ加工における切削抵抗は，回転方向のト

ルク(torque)と送り方向のスラスト(thrust)の2分力に分けて考えられる。比重の大きい木材に穴あけ加工を行うと切削抵抗は大きくなる。[2] 木材の含水率との関係では，切削抵抗は含水率5〜20％で最大値を示し，さらに含水率が増大すると繊維飽和点付近までは低下し，それ以上ではほぼ一定値を示す。[3]

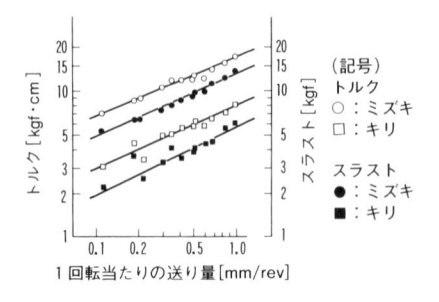

図3-61 1回転当たりの送り量と切削抵抗の関係[2]

工具の1回転当たりの送り量 f_{rev}(mm/rev)は，回転数を N(rpm)，工具の送り速度を F(mm/min)とすると，$f_{rev}=F/N$ で示され，切込み量 t は，切れ刃数を n とすると，$t=f_{rev}/n$ で表される。したがって，1回転当たりの送り量の増加に伴って切込み量が大きくなるため，切削抵抗は図3-61に示すように両対数グラフ上で直線的に増大する。[2] 1回転当たりの送り量を一定にして回転数を変化させて穴あけ加工を行うと，切削抵抗は回転数の影響を受けないか，低速側で多少の増加傾向を示す。[4]

(2) 工具摩耗

穴あけ加工を長時間継続すると，工具切れ刃の摩耗の進行に伴って切削力が増大して，加工穴内壁の性状が悪化するとともに，加工精度が低下する。

ビットによる穴あけ加工では，摩耗の進行はパーティクルボードで極めて速い。気乾材の穴あけ加工については，図3-62に示すように，シリカ含有率の高いメラピなどの南洋材では，シリカによるアブレシブ作用によって摩耗が大

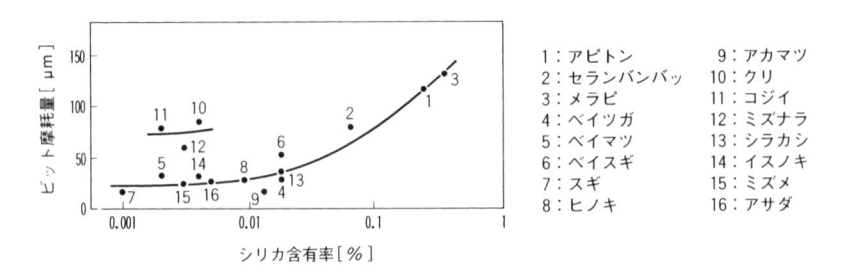

1：アピトン　　9：アカマツ
2：セランバンバッ　10：クリ
3：メラピ　　　11：コジイ
4：ベイツガ　　12：ミズナラ
5：ベイマツ　　13：シラカシ
6：ベイスギ　　14：イスノキ
7：スギ　　　　15：ミズメ
8：ヒノキ　　　16：アサダ

図3-62 シリカ含有率とビット摩耗量の関係[5]

きく促進される[5]。また，樹種によっては工具腐食性抽出成分による化学作用によって腐食摩耗が促進され，クリ，ミズナラなどのブナ科の木材ではタンニンによって，ベイスギではトロポロン類によって摩耗の進行が顕著である[5]。生材の穴あけ加工については，工具―被削材―機械系の間に電位差を生じ，高速度鋼ビットおよび超硬合金ビットでは，電気化学的作用によるビットの腐食摩耗の進行が顕著であり，気乾材の場合よりも摩耗の進行が速い[5]。この場合，外部電源を用いてビットに負の直流電圧を印加しながら加工すると，陰極防食法(カソード防食法)による腐食摩耗抑制効果が認められる[6]。

ビットの材種については，ビットの刃先が硬いほど摩耗の進行は遅くなり，合金工具鋼ビットが最も摩耗の進行が速く，次いで高速度鋼ビット，超硬合金ビットの順である[7]。とくに超微粒超硬合金ビットは，パーティクルボードやMDFに対しても耐摩耗性が高い[8]。

工具摩耗の進行と回転数の関係は，被削材と工具材種の組み合わせによって摩耗機構が異なる。例えば，**図3-63**に示すように，一定切削長加工後の摩耗量は高速回転ほど必ずしも大きいとは限らず，低速回転ほど摩耗量の大きい組み合わせや，ある回転数に対し最小値を示す組み合わせも見られる[7]。

(3) 加工穴の形状

加工穴のプロフィールは，**図3-64**に示すように，木材に穴あけ加工を行うと木材の繊維方向を短径とした長円形になるが，ファイバーボードやパーティクルボードなどの木質材料では正円に近くなる[9]。

(4) 加工穴のバリ

木材あるいは木質材料に穴あけ工具

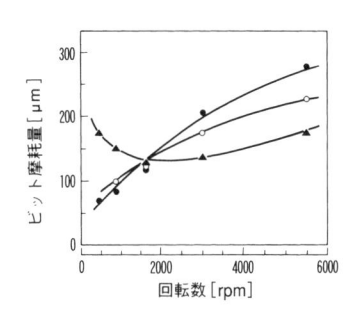

図3-63 回転数とビット摩耗量の関係[7]

工具：合金工具鋼(直径：10 mm)
● ：パーティクルボード，穴あけ個数100，切削長480 m
○ ：メラピ，穴あけ個数300，切削長1.43 km
▲ ：ベイスギ，穴あけ個数300，切削長1.43 km

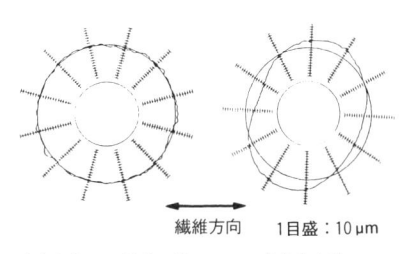

繊維方向 1目盛：10μm
(a) セミハードボード　(b) トネリコ

図3-64 加工穴の形状[9]

を用いて貫通穴(通し穴)加工を行う場合，工作物裏面に捨て板を敷いて，貫通穴をあたかも非貫通穴のようにして共加工を行うと，工作物裏面の穴周辺をきれいに加工することができる。

一方，工作物裏面に捨て板を敷かないで貫通穴加工を行うと，図3-65に示すような，加工穴裏面にコート紙貼りパーティクルボードや同MDFでは，穴周辺が穴全体を覆うように花弁状に大きく盛り上がるバリが，また，低圧メラミン樹脂含浸紙貼りパーティクルボードや同MDFでは，穴周辺がはげ落ちるようなバリが工作物裏面の穴周辺にそれぞれ生成する[10]。このようなバリの生成は，美観上からも製品の組み立て上からも好ましくない。

(a) コート紙貼りパーティクルボード

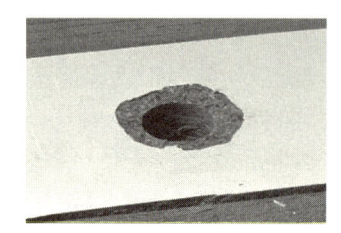

(b) 低圧メラミン樹脂含浸紙貼り　パーティクルボード

図 3-65　加工穴裏面のバリ [10]

バリの大きさは1回転当たりの送り量に大きく影響を受けるので，良好な貫通穴加工を行うには，加工能率をも考慮した適切な1回転当たりの送り量の設定が重要である。例えば，ビットを用いると加工穴表面側ではバリは全く生成しないが，加工穴裏面側のバリは1回転当たりの送り量の増加に伴って大きくなる[10,11]。バリ対策用として考案された貫通型ビットあるいはドリルを用いると，バリの大きさは1回転当たりの送り量の増加に伴って加工穴裏面側では小さくなるが，加工穴表面側では逆に大きくなる[11,12]。したがって，捨て板を用いない貫通穴加工では，工具の加工穴入り口側と出口側の1回転当たりの送り量をそれぞれ適切な値に設定することによって，加工穴裏面側と表面側に生成するバリの発生を抑制する必要がある。なお，長時間使用による工具摩耗の進行に伴ってバリは次第に大きくなる[10]ので，切れ刃の鋭利な(切れ味の良い)穴あけ工具の使用がバリ対策として望まれる。

● 引用文献

1) 小松正行："木質材料の穴あけ加工性(第5報)ドリル先端角の切削抵抗への影響"，木材学会誌，24(8)，526-532(1978)

2) 小松正行："木質材料の穴あけ加工性(第1報)日本産広葉樹材のドリルによる穴あけ加工性"，木材学会誌，**21**(10)，551-557(1975)
3) 小松正行："木質材料の穴あけ加工性(第4報)木材の含水率の穴あけ加工性への影響"，木材学会誌，**24**(1)，26-31(1978)
4) K. Banshoya *et al.*："Tool life in machine boring of wood and wood-based materials Ⅲ. Effects of feed per revolution of bit and depth of boring holes"，*Mokuzai Gakkaishi*，**30**(6)，463-470(1984)
5) 番匠谷薫："木材および木質材料の穴あけ加工における工具寿命(第6報)国産材および外材における被削性"，木材学会誌，**32**(6)，418-424(1986)
6) K. Banshoya *et al.*："Tool life in machine boring of wood and wood-based materials Ⅳ. Electrochemical wear of spur machine-bit"，*Mokuzai Gakkaishi*，**30**(6)，471-477(1984)
7) 番匠谷薫ほか："木材および木質材料の穴あけ加工における工具寿命(第2報)工具材種および被削材の影響"，木材学会誌，**27**(8)，640-648(1981)
8) 番匠谷薫ほか："パーティクルボードとMDFの穴あけ加工における超硬合金ビットの摩耗特性"，木材工業，**50**(9)，413-417(1995)
9) K. Banshoya："Tool life in machine boring of wood and wood-based materials Ⅴ. Effect of helix angle of spur-machine bits"，*Mokuzai Gakkaishi*，**31**(6)，460-467(1985)
10) K. Banshoya："Burr formation in machine through-hole boring of wood-based materials"，*Proc. of 15th Int. Wood Mach. Semin.*，Los Angeles, USA, 491-502(2001)
11) K. Banshoya *et al.*："Differences in burr formation in machine through-hole boring of wood-based materials by boring bits"，*Proc. of 16th Int. Wood Mach. Semin.*，Matsue, Japan, 515-523(2003)
12) K. Banshoya *et al.*："Burr formation in machine through-hole boring of wood-based materials with through-type bit"，*Proc. of 17th Int. Wood Mach. Semin.*，Rosenheim, Germany, 374-383(2005)

第8節　研削加工

研削加工(abrasive machining)は，研削工具である研磨布紙や研削砥石などにより，材料の加工すべき部分から微小切屑を削り取って，加工精度の高い，しかも仕上げ面品質の良い製品を仕上げる加工法である。この加工法は，切屑を生成するという点では切削作用とみなせるが，刃物工具による切削加工では得られない優れた特性を持っており，木材から木質材料に至るまで広い範囲の加工に適用され，独自の加工分野を形成している。

金属の研削加工では工具に研削砥石を用いるのが一般的であるのに対し，木材の研削加工では，工作物(被削材)が比較的軟らかい材質のため，目づまりや研削焼けの発生などを生じやすく能率的な加工ができないので，特殊砥石による一部の研削加工以外には研削砥石はほとんど使用されていない。このため，木材の研削加工の多くは工具に研磨布紙を用いる加工に限られているので，ここでは研磨布紙による研削加工について述べる。

8.1　研削工具と研削機械

研削工具には，古くから紙やすりやサンドペーパで知られている研磨布紙が最も広く使用されている。ほかに，PVA砥石などの特殊砥石や，近年開発された基材にポリエステルフィルムを用いた研磨フィルムも一部用いられている。

研磨布紙を用いて加工を行う研削機械(サンダ；sander)には，型式，機構などが異なる多くの機種があり，これらは目的とする工作物の種類により適宜選択使用される。最近では，木製品の量産化に伴い，自動化・省力化された研削機械が開発されている。

(1) 研磨布紙の構造と種類

研削用工具の代表である研磨布紙(coated abrasives)は，図3-66に示すように，基材，研磨材(砥粒)および接着剤の3要素で構成される。すなわ

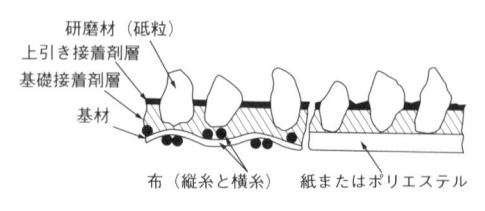

図 3-66　研磨布紙の構造[1]

第8節　研削加工

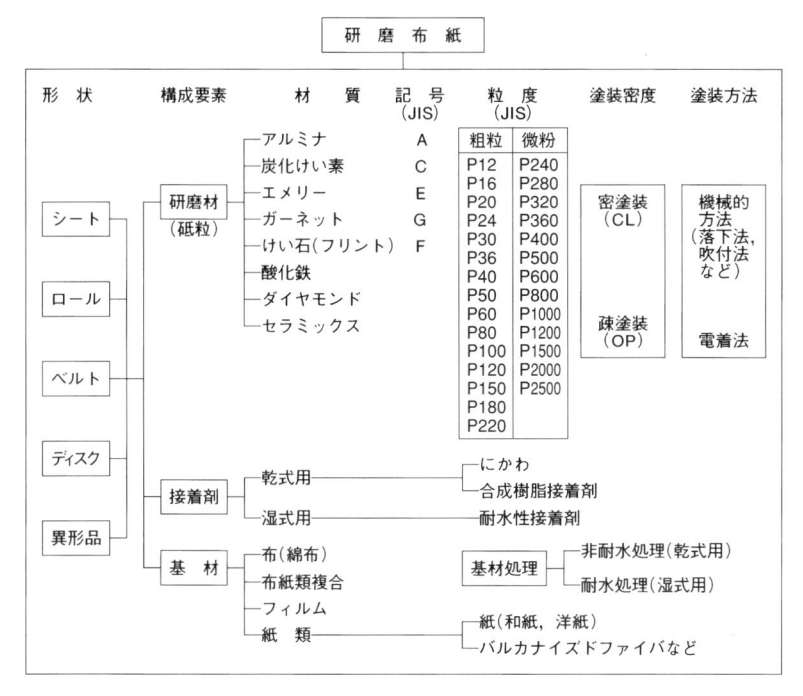

研磨布紙

形状	構成要素	材質	記号(JIS)	粒度(JIS)		塗装密度	塗装方法
シート ロール ベルト ディスク 異形品	研磨材(砥粒)	アルミナ 炭化けい素 エメリー ガーネット けい石(フリント) 酸化鉄 ダイヤモンド セラミックス	A C E G F	粗粒 P12 P16 P20 P24 P30 P36 P40 P50 P60 P80 P100 P120 P150 P180 P220	微粉 P240 P280 P320 P360 P400 P500 P600 P800 P1000 P1200 P1500 P2000 P2500	密塗装(CL) 疎塗装(OP)	機械的方法(落下法,吹付法など) 電着法
	接着剤	乾式用 ─ にかわ 　　　　└ 合成樹脂接着剤 湿式用 ─ 耐水性接着剤					
	基材	布(綿布) 布紙類複合 フィルム 紙類 ─ 紙(和紙,洋紙) 　　　└ バルカナイズドファイバなど		基材処理	非耐水処理(乾式用) 耐水処理(湿式用)		

図 3-67　研磨布紙の種類[2]

ち，紙，布やフィルムなどの可撓性(柔軟性)に富む基材の表面上に接着剤により砥粒が固着されており，砥粒が均一に平面的に分布している．研磨布紙には，その形状，3構成要素および製造方法によって性能，用途を異にする多くの種類があり(図3-67)，それぞれの作業目的に応じて使用される．

(2) 研削方式と研削機械

研磨布紙を用いる加工方法には，ベルト研削，ドラム研削，ディスク研削などがある．その中でも主流を占めるのがベルト研削で，図3-68に示すように，コンタクトホイール方式，プラテン方式およびフリーベルト方式に大別される．これらの方式でのベルト研削は，その使用範囲も広く，そのため多くの機械が開発・市販されている．

現在，広く使用されている主なベルトサンダには，平面および曲面研削用としてのベルトサンダ(ストロークサンダ，オートマチックベルトサンダ，エッジベル

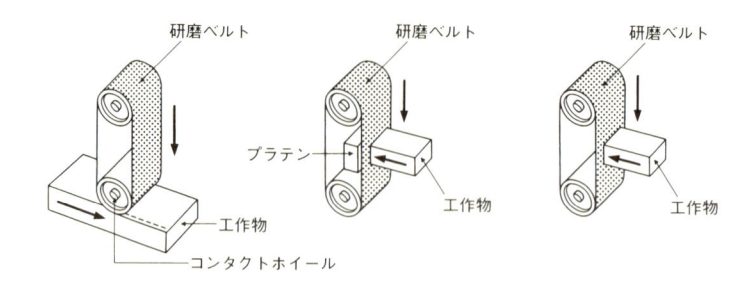

(a) コンタクトホイール方式　(b) プラテン方式　(c) フリーベルト方式

図3-68　ベルト研削加工方式 [3]

サンダ，NCベルトサンダなど)をはじめ，**図 3-69**に示す広幅の平面研削用のワイドベルトサンダや複雑な曲面研削用のプロフィールサンダなどがある。

これらのベルトサンダ以外にもその機構上の違いによって，ドラムサンダ，スピンドルサンダ，ディスクサンダ，ターニングサンダなどがある。これらすべてのサンダには，高い剛性を持つ構造で振動などを起こさずに高精度の加工ができることが求められる。

8.2　砥粒の研削作用

研磨布紙を構成する砥粒切れ刃は，工具切れ刃のように成形されたものでないため，複雑な形状，寸法をしており，その配列，分布および先端角も一定していない。そのため，研削作用の解明に当たっては，幾つかの仮定をおき，しかも量的事項については統計的処理をする必要がある。また，砥粒切れ刃が研削中に，どのような切削作用を行い，どの程度の切込み量で工作物中に切り込み，それによっていかなる研削抵抗を受けるか，さらに砥粒自体の研削状態を知ることも，研削作用を的確に把握する上で重要である。

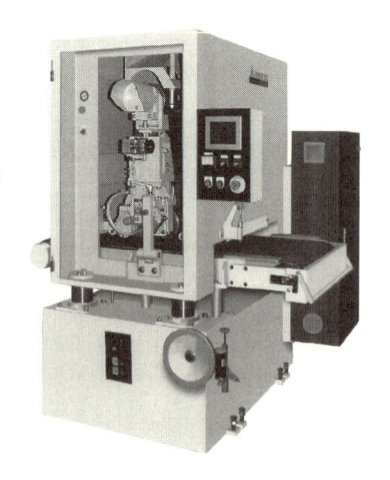

図3-69　ワイドベルトサンダ
（アミテック社カタログより）

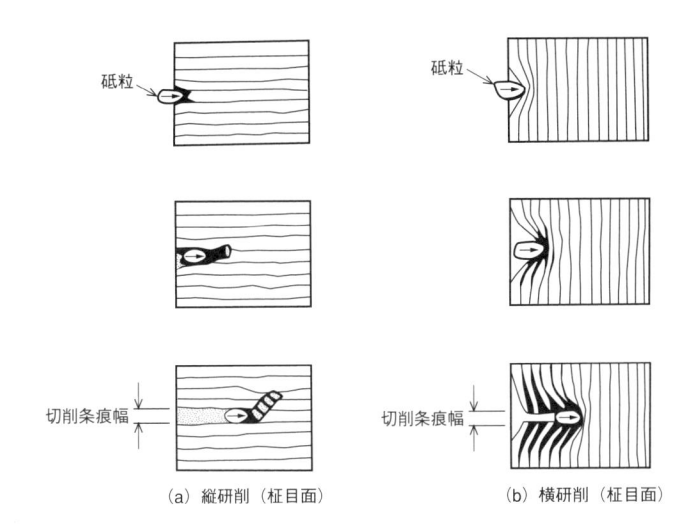

図 3-70 単一砥粒による切削作用の模式図 [4]

(1) 単一砥粒の切削作用

研削加工が多数の砥粒切れ刃による切削作用の集積であることから，この複雑な研削作用を基礎的に解明する手法には，単一砥粒(単粒)やモデル化した模型砥粒による切削の解析が有効である。これまでにも，木材の異方性を考慮した研削面を対象とし，研磨ベルトの中から任意の砥粒を選定した，単粒による切屑の生成形態や切削条痕などから詳細な切削作用の解明が試みられている。

図 3-70 の模式図に示すように，研削加工面の繊維の配列方向と単粒の運動方向の異なる3種類の研削加工によって，切削現象はかなり異なる。縦研削では，切屑が生成されやすく，切削条痕における繊維の破壊も少なく，条痕の盛上りも極めて小さくなっている。この切屑形態は折れ型と縮み型の連なった長い形状をしており，柾目面と板目面の両面間における差異はほとんど認められない。一方，横研削では，切削条痕が両側で鋸歯状を呈する狭い溝となり，切屑も小さく生成量も少なくなっている。これらの研削加工に対し，木口研削における切削条痕は整った形を示すが，繊維は直接切断されずに残って，切屑の生成もほとんど見られない。

(2) 砥粒の切込み量(切込み深さ)

木材の研削加工おいて，最も一般的なプラテン方式によるベルト研削による砥粒切れ刃の切込み量(depth setting)を 図 3-71 に示すように，工作物に一定の研削荷重 P を加えた場合について考える。砥粒切れ刃 1 個の平均切削断面積 a_m，a_m に対応した換算平均切込み量 t_m は，砥粒切れ刃形状の先端角 2θ を 120°とする円錐形で切屑が生成されるものと仮定すると，それぞれ次式で求められる[5]。

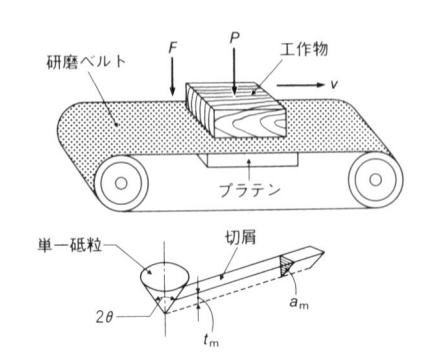

図 3-71 プラテン方式によるベルト研削と砥粒条痕[5]

F：工作物の厚さ減少速度，P：研削荷重，v：研磨ベルト周速度，2θ：砥粒切れ刃形状の先端角，a_m：砥粒切れ刃 1 個の平均切削断面積，t_m：a_m に対応した換算平均切込み量

$$a_m = \frac{F}{v \cdot m}, \quad t_m = \sqrt{\frac{F}{v \cdot m \cdot \tan\theta}} \tag{3-29}$$

ここで，F：工作物の厚さ減少速度，v：研磨ベルト周速度，m：砥粒作用切れ刃密度。

しかしながら，実際の研削加工により得られる切屑の厚さ(幅)は，上式で求められる計算値に比較してはるかに大きいことが指摘されている[6]。この差は，t_m がいくつかの仮定を含む計算値であり，また，個々の砥粒切れ刃の高さの不揃い，切れ刃先端形状の不規則性，側方切れ刃の干渉などが複雑に影響したことによるものと思われる。

(3) 砥粒に作用する研削抵抗

研削抵抗は個々の砥粒切れ刃に作用する力の集合として現れることから，まず 1 個の砥粒に働く抵抗を知ることが肝要である。プラテン方式の研削加工において砥粒切れ刃に作用する研削抵抗(sanding resistance)は，工作物と研削工具との接触面内に含まれる砥粒作用切れ刃数で除することにより，1 個の砥粒切れ刃に作用する成分のうち水平方向研削抵抗および垂直方向研削抵抗をそれぞれ求めることができる。

いま，密度(比重)の異なる 15 樹種の気乾材(密度：0.33～1.29 g/cm³)をプラテン方式で研削(ベルト粒度：P 40～240，研削荷重：17～50 kPa)すると[5]，1 個の砥粒

切れ刃に作用する水平方向研削抵抗は，研削荷重が大きくなるほど増加し，その値は 0.05～0.2 N の範囲になる。また，垂直方向研削抵抗は水平方向研削抵抗の約 2 倍の値となる。

(4) 砥粒の研削状態

砥粒切れ刃は，研削を繰り返しているうちに研削抵抗や発熱などにより，その先端が徐々に摩滅(attrition wear)して切れ味が鈍くなる。切れ刃が鈍化すると，これに作用する研削抵抗が増加し，砥粒の一部が自ら破砕して鋭い切れ刃を生じる。このように，砥粒切れ刃が新刃―鈍化―破砕―自生新刃の循環により，切れ味の良い状態を維持することを切れ刃の自生作用(自生発刃；self-sharpening)という。

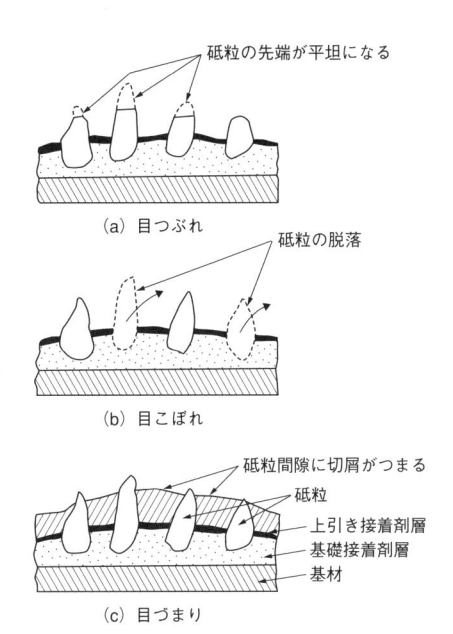

図 3-72 砥粒の研削状態

砥粒切れ刃の摩滅による鈍化と切れ刃の自生作用による新生刃が平衡を保っていれば正常研削の状態が継続される。しかし，実際の研削加工では，**図 3-72** に示す目つぶれ，目こぼれ，目づまり現象を起こし，正常研削が行われないことがしばしば生ずる。

目つぶれ(glazing)は，接着剤による砥粒の基材への結合力が過大すぎると，切れ刃の自生作用が起こらず，切れ刃先端が摩滅して平坦となり，切れ刃の切れ味が悪くなる状態のことをいう。これとは逆に，結合力が過小すぎると，砥粒の摩滅が僅かであるのに容易に脱落し，目つぶれと同様，研削能力が低下する目こぼれ(shedding)という状態が起こる。また，目づまり(loading)は，生成される切屑が切れ刃周辺に固着し，やがて砥粒間隙をふさいでしまい，研削が行われなくなり研削能力が低下する状態をいう。

これらの研削状態は，工作物の材質，砥粒材質・粒度，研削条件(研削荷重，

研削速度など)などにより変化するので，目的とする研削加工に最適な研磨布紙や研削条件の選定を行うことが重要である．

8.3 研削性能

研削加工において，主として問題にされる研削性能(sanding performance)は，研削能率(研削量)，研削面粗さ(研削面の良否)，研削工具の寿命などで，これらに影響する主要因子は，砥粒粒度，研削速度，研削荷重，工作物の材質などが挙げられる．これらの影響を統合して述べることは，影響因子が多いため容易ではないので，以下では，これまで明らかにされている一般的事項について記述する．

(1) 研削能率(研削量)

研削能率(stock removal rate)は，普通，研削工具が単位時間内に除去した工作物の重量や送り速度で表される．一般に砥粒粒度が大きく(砥粒が細かく)なるほど研削能率は低下する．研削速度および研削荷重については，両者がともに大きくなるほど研削能率は増加するが，一定限度を越えると増加率は小さくなる(図3-73)．また，工作物の密度が大きいほど，研削能率が低い．研削条件が一定であれば，研削面が板目面と柾目面とで大きな差異はないが，木口面で研削能率が最も低くなる．

(2) 研削面粗さ(研削面の良否)

木材の研削面粗さ(sanded surface roughness)は，他の均質材料と異なり，砥粒

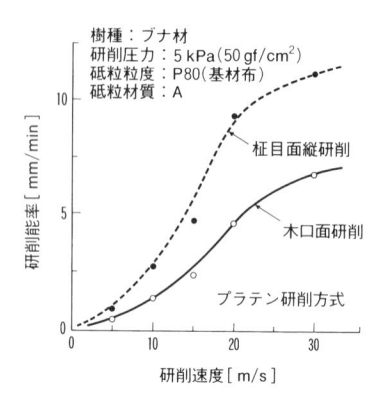

図 3-73 研削速度(研磨ベルト速度)と研削能率との関係 [7]

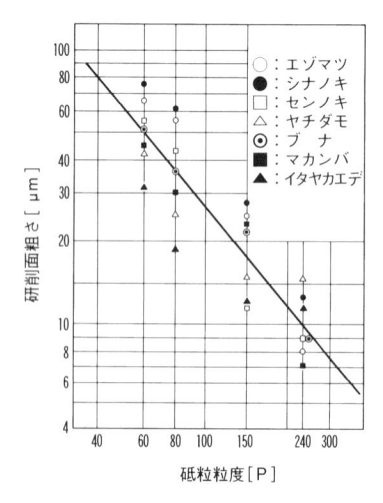

図 3-74 砥粒粒度と研削面粗さとの関係 [8]

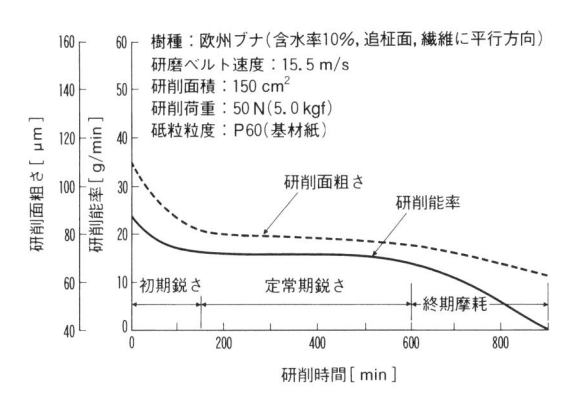

図 3-75　研削時間と研削能率，研削面粗さとの関係[9]

により木材質が掘り起こされた条痕を含む幾何学的粗さに加えて，木材固有の組織構造上の粗さが重畳された形となって現れるため解析がより複雑になる。研削面粗さの支配的因子は砥粒粒度で，一般的には研削能率と反対の傾向を示す。すなわち，**図 3-74** に示すように，研削面粗さは砥粒粒度が大きくなるほど良くなる。乾燥材の粗さは研削速度および研削荷重の影響をほとんど受けないが[9]，湿潤材は研削荷重の増加とともに悪くなる。研削方向が木材繊維に平行な場合，板目面，柾目面，追柾面での粗さの差異は認められない。

(3) 研削工具の寿命

研削加工では，研削工具の寿命(tool life)が長いことも要求される。この寿命の判定基準は作業条件によってかなり複雑である。寿命判定の基礎となる研削能率と研削面粗さは，**図 3-75** に示すような寿命特性曲線を示し，研削時間の経過に伴って研削能率は低下し，研削面粗さは次第によくなる。ところで，どの時点で研削工具の寿命点と判定するかは，研削能率あるいは研削面粗さのいずれに重きを置くかによっても異なるため，現在のところ経験により判断することが多い。また，これまでにも二，三の寿命判定基準が提唱されているが，いまだ普遍的な判定基準は確立されていない。

●引用文献

1) 機械振興協会研究所編：加工技術データファイル，第 6 巻，研磨布紙加工 (1982)

2) 遠藤幸雄："研磨布紙と研磨布紙加工法(1)"，木工機械，No. 115，26-30(1982)
3) 研磨布紙加工技術研究会編："実務のための新しい研磨技術"，オーム社，97(1992)
4) 野田　茂："木材の研削加工表面に関する研究"，職業訓練大学校紀要，No. 10, A，61-67(1981)
5) 森　稔："サンディングにおける砥粒の研削作用"，菊川ニュース，No. 65，4-7(1982)
6) 賀勢　晋ほか："紙鑢の研削能力(その一)木材の研削に関する研究"，木材工業，**8**(1)，27-30(1953)
7) 加藤忠太郎ほか："小型ベルトサンダによる木口面研削"，木材学会誌，**18**(3)，123-130(1972)
8) 中村源一："研削加工面"，木材工業，**18**(5)，223-225(1963)
9) G. Pahlitzsch *et al.*："Einflüsse der Bearbeitungsbedingungen auf die Güte vorgeschliffener Holzoberflächen"，*Holz Roh- Werkst.*，**20**(4)，125-137(1962)

一口メモ

天然材料による研磨

　わが国民は清潔好きであるためか，やたら物をピカピカにしておくことを好む。磨くことこれ即ち研削加工である。機械を利用する場合，人工研磨剤を利用するので，研削面はささくれ立ちピカピカ光らない。そのため塗料を用いる。しかし磨くだけでピカピカ光る理想的な材料もある。それは昔から使用されている鮫の皮，猪牙，鹿角粉，トクサ，椋の木の葉などの天然材料である。椋の木の葉，トクサ共に含有ケイ素が砥粒の役目をし，これらを用いると，木繊維壁や放射組織のまくれ，毛羽立ちが無くなり，人工研磨材では得られない艶が得られる。輪島塗，春慶塗などではこの手法が依然として採用されている。これらの材料を発見したわれわれ先祖の慧眼には感服せざるを得ない。

第9節　単板切削

9.1　単板の種類

　木材を薄く剥いだ板を単板(ベニヤ；veneer)と呼ぶ。このなかで，表面化粧用に用いる単板をとくに突き板(fancy veneer)と呼び，合板やLVL(単板積層材)の構成要素となる通常の単板と区別することがある。単板は，製造機械によってロータリー単板，スライスド単板，ハーフラウンド単板，ソーン単板に分けることができる。

（1）ロータリー単板

　合板の製造に用いられるロータリー単板は，ベニヤレース(ロータリーレース)と呼ばれる機械(図3-76, 77)を用いて製造する。丸太を回転させながら，丸太と平行に置いた刃物(ベニヤナイフ)を丸太に向かって送ることによって，連続した一定厚さの単板を切削する。

（2）スライスド単板

　化粧用として用いるスライスド単板を製造する機械(図3-78)にはいくつかのタイプがあるが，総称してスライサ(veneer slicer)と呼ぶ。スライサに取り付ける木材をフリッチ(flitch)といい，単板面に目的とする木目

図3-76　ベニヤレース
(写真提供：ウロコマシナリー社)

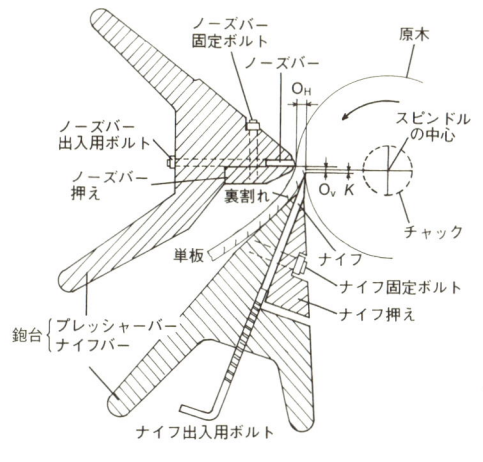

図3-77　ベニヤレースの構造
O_H：水平開き，O_V：垂直開き，
K：スピンドル中心を通る水平線からの刃先の下がり

や色調が現れるように丸太から切り出される。通常は切削方向と木材の繊維方向が直交する横切削方式を取る。一方，柱材の表面化粧用単板を得ることを目的に，両者が平行となる縦切削方式の機械が開発され，縦突きスライサと呼ばれる。

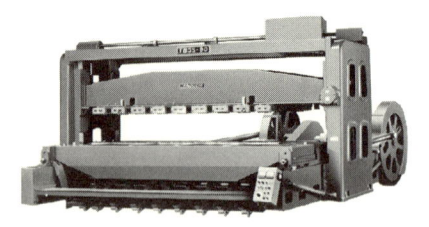

図3-78　横型クランク式スライサ
(写真提供：田之内鉄工所)

(3) ハーフラウンド単板

この単板は，フリッチあるいは丸太を回転させ，断続的に切削を行うハーフラウンドベニヤレース（ハーフロータリーレース）(half round veneer lathe)，ステイロッグレースによって製造される。目的とする木目や杢を持つ化粧用単板を得るため，回転軸に対するフリッチの位置や向きを固定治具によって自由に設定する（図3-79）。

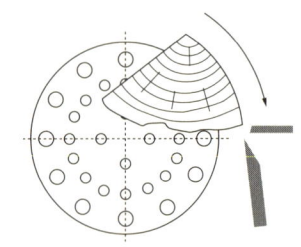

(a) ハーフラウンドベニヤレース

(4) ソーン単板

ソーン単板は鋸によって切り出した薄板である。ナイフによる切削では製造が難しい，内部に割れ（裏割れ，後述）のない厚い単板が得られるが，歩留まりの低さなどの理由から，用途は限られる。

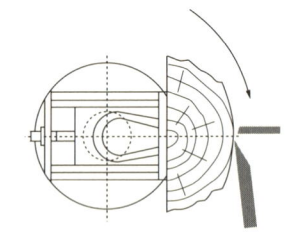

(b) ステイロッグレース[1]

図3-79　フリッチの取り付け

9.2　製造機械および工具

(1) ベニヤレースの機構

ベニヤレースは，左右のフレームに支持されて回転するスピンドルの先端に付けられたチャックを丸太の両木口面に圧入し，丸太を回転させ，ナイフを取り付けた鉋台を丸太に向かって移動させて単板を切削する機械である（図3-76）。鉋台はナイフバーとプレッシャーバーと呼ばれる二つのメタルキャスティングから構成されている（図3-77）。

スピンドルは大小2種類のスピンドルが同心円状に配置されたダブルスピンドル方式(図3-80)が一般的で,切削終了後に残るむき芯を細くしたり,チャックの空回りなどによるロスを防いでいる。さらに,むき芯を細くするために,丸太の外周から駆動力を与える駆動装置も開発されている。

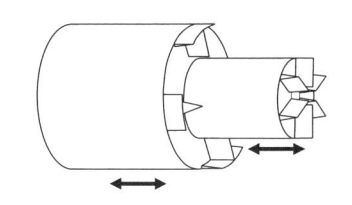

図3-80 ダブルスピンドルの概略図

ベニヤレースにおける単板切削(図3-77)で,ナイフの刃先を原木の回転中心に向かって移動させる(原木の回転中心を通る直線からの距離 h が常に0となるように移動させる)と,ナイフの逃げ角は原木の直径が小さくなるにつれて減少し,負の値になる。しかし,$K = -d/2\pi$(d:単板厚さの設定値(歩出し厚

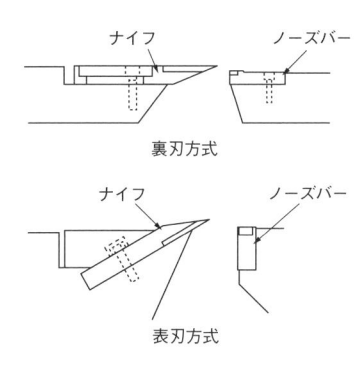

図3-81 スライサの刃物取り付け方法[3]

さ)),すなわち原木の回転中心を通る直線からナイフの刃先を $d/2\pi$ だけ下げて移動すると,ナイフの逃げ角は常に一定になる。このとき,ナイフ刃先が原木の横断面に描く軌跡(単板の切断曲線)は半径 $d/2\pi$ の基礎円に対する伸開線(involute)となる。また,$K < -d/2\pi$ とすると逃げ角が過大となり,刃先の振動などが起きやすくなる。厚単板切削や小径木の切削では K の設定値に注意が必要である。

(2) スライサの機構

スライサの種類には,鉋台あるいはフリッチが左右方向に動く横型(水平型),上下方向に動く縦型(垂直型),およびフリッチを長手方向に送る縦突きスライサがある。横型および縦型スライサは,切削方向と木材の繊維方向が垂直となる横切削式であり,駆動方式にはクランク式や油圧モータ式などがある。わが国では横型クランク式(図3-78)が多い。このほか,スライサの刃物の取り付け方にも裏刃方式と表刃方式の2種類があり(図3-81),裏刃方式は主に 0.4 mm 以下の薄い突き板の製造に用いられる。

縦突きスライサ(図 3-82)は，横切削式に比べて良質単板が得られやすく，0.5〜3.0 mm の厚単板用に用いられる。切削できる単板は，幅が 200〜300 mm 以下と限られるが，長さ方向の制限はない。また，装置の大きさも横切削方式に比べて小さくできる。

(3) 工具の仕上げと取り付け

ベニヤナイフの刃先は一般に合金工具鋼で作られている。刃物の性質としては，摩耗しにくく，靱性が高く，研削が容易なものが好ましいが，節による欠けが生じにくい針葉樹材用，シリカを含む樹種用の耐摩耗性に優れたものなど，いくつかの種類のナイフが市販されている。

刃先角は通常 20°前後で，低密度の広葉樹材や薄剥き条件では小さい角度が，また，高密度材や針葉樹材では大きい角度が採用される。さらに，刃先の強さを高める目的で，刃先だけを大きい角度 (30°程度) で研磨し (段研ぎ)，刃先部分に幅 0.2〜0.5 mm のマイクロベベルを設ける (図 3-83)。

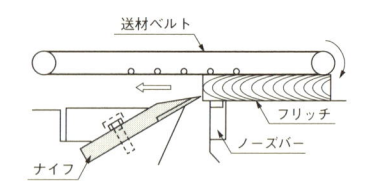

図 3-82 縦突きスライサの概略図[3]

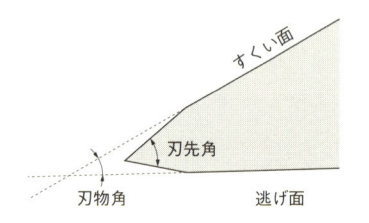

図 3-83 マイクロベベルの例

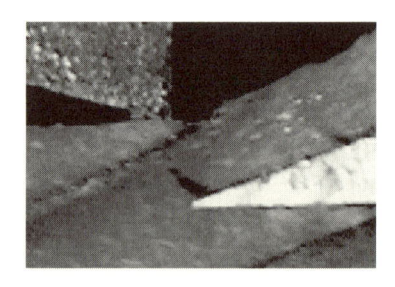

図 3-84 単板切削中に発生する裏割れ
（高野勉撮影，高速ビデオ）

スライサでは，一般にバイアス角をつけた三次元切削方式が採用されている。バイアス角が大きくなるほど有効な切削角が減少し，切れ刃が鋭利に作用するため，切れ味は向上する。ナイフのバイアス角は横切削式のスライサでは一般に 5〜30°であるが，縦突きスライサでは 70〜80°と大きい。

(4) プレッシャーバーの機能

単板の切削機構は，基本的にはナイフによる縦あるいは横切削であるが，均一な厚さで割れの少ない表面性状の良好な単板を得るために，プレッシャーバーを併用することが単板切削の大きな特徴である。

厚い単板を切削する場合には刃先周辺あるいはナイフすくい面に接する単板裏面から内部に向かって裏割れと呼ぶ割れが生じる(図3-84)。裏割れの発生を抑制するには，バーを被削材に押し付けることによって，圧縮応力を刃先周辺に発生させたり，蒸煮や煮沸処理による丸太やフリッチの熱軟化が効果的である。

有限要素法を用いてノーズバーの作用による刃先周辺の応力分布について解析した例を図 3-85 に示す。裏割れの発生は刃先近傍と刃物すくい面に接する単板部分の引張応力に支配され，ノーズバーの作用により刃先前方の引張応力は小さくなることがわかる。

取り付けられるバーの種類にはノーズバーとローラバー(図 3-86)がある。ノーズバーの利点としては，再研磨が容易であることや，単板品質に大きく影響する刃口間隔(バー先端と刃先の間隔)の調整が容易であることを挙げることができる。一方，ローラバーはノーズバーに比べて被削材に作用する力が小さいため，ロータリー切削ではチャックの空回りや被削材の割れが生じにくく，被削材とバーとの間に木屑が詰まることも少ない。

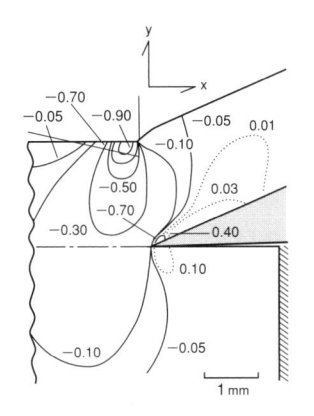

図 3-85　被削材内の応力分布(y 方向の圧縮(−)，引張(+)応力)[4]

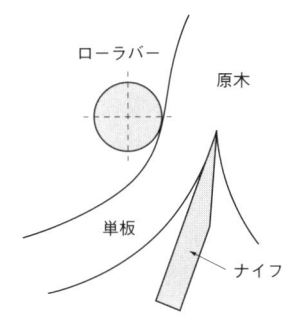

図 3-86　ローラバーの概略図

● 引用文献
1) 高野　勉：“木材工業ハンドブック改訂 4 版”，森林総合研究所監修，丸善，385-395(2004)
2) 林大九郎：“ロータリー単板切削における問題点”，木材工業 **32**(10)，428-433(1977)
3) 木村　中：“スライス単板切削の基礎”，木材工業，**54**(10)，481-484(1999)
4) 杉山　滋：“単板の切削機構に関する基礎的研究(第 6 報)被削材応力分布の数値解析(sharp barを作用させた場合)”，木材学会誌，**20**(6)，257-263(1974)

第10節　特殊加工

前節までの切削加工とは異なり，金属製の工具を用いない加工や工具の用い方が特異な加工がある。これらの加工は，それほど普及していないこともあって，総称として特殊加工と呼ばれる。ここでは，前節までに取り上げられなかった木材を独特の方法で加工する手法について述べる。

10.1　レーザ加工[1]

(1) レーザとは

1960年にアメリカのメイマン(Maiman)が人造ルビーの棒を用いて赤色レーザ光のパルス発振に成功し，ニューヨークタイムズに「太陽の中心より明るいアトミックラジオ光」と紹介され，20世紀最後の偉大な発明といわれたレーザ(laser)は，light amplification by stimulated emission of radiation(誘導放出による光の増幅)の頭文字を取って名付られた光増幅現象または光増幅装置のことである。

レーザは，レーザ発振を起こさせる領域である母体(母体はある種の気体や固体等で構成されており，その中にレーザ光の発生源となる原子や分子といった活性媒質が分散されている)，発振した光を揃えるために母体の前後に設けた反射鏡(母体と反射鏡を合わせた部分は共振器と呼ばれる)，母体に外からエネルギーを供給する励起装置，レーザ発振の際に生じた熱を外部に逃がす冷却装置で構成されている。これらの装置全体がレーザ発振器またはレーザと呼ばれ，これまでに開発されたレーザは多種多様で，物理学・工学・医学といった学問分野や計測・分光分析・加工・通信・情報といった様々な技術分野で利用されている。これらの分野にはそれぞれ適したレーザと

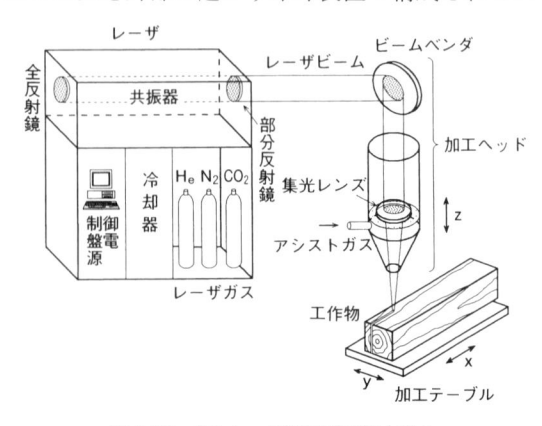

図 3-87　CO_2レーザ加工機の基本構成

それに合った光学部品や周辺機器が組み合わされて使われている。

レーザで加工を行う場合には，図 3-87 のように，目的に合った発振器，レーザビームを工作物の照射面までうまく導いて集光するビームベンダや集光レンズで構成される加工ヘッド，工作物を加工の仕方に応じて適宜移動させる加工テーブルが必要となり，これらを組み合わせたシステムはレーザ加工機(laser processing machine)と呼ばれる。レーザ光は目に見えない赤外線である場合が多いこと，レーザ光の束であるレーザビームは高エネルギーであること，レーザ光が金属表面に当たるとよく反射することなどから，作業者の安全のために加工テーブル付近を光学的に遮蔽することが求められている。レーザビームの集束性の良さを十分活かし，加工精度を向上させるために，ビームの照射や工作物の移動は一般に数値制御される。

レーザ発振とは，①ポンピングという操作によって活性媒質にエネルギーを与え，高いエネルギーを持つ粒子の数を低いエネルギーを持つ粒子の数より極端に増やした状態(負温度状態)を強制的に作りだし，②高いエネルギーの粒子に光が当たったときにその光と同じ性質の光を放出して粒子が低いエネルギーに戻る誘導放出(1個の光子→2個の光子)という現象を起こさせ，③発生し始めた光を，母体の前後に設けた反射鏡間で母体中を何度も往復させて，次々と誘導放出を起こさせながらねずみ算式に強い揃ったレーザ光に成長させることである。その一部を若干透過性がある出力側の反射鏡から共振器の外部に取り出した光束がレーザビーム(laser beam)である。

(2) レーザの種類と用途

現在様々な分野で使われている主なレーザを母体の状態で分類し，レーザの構成や励起方法，発振するレーザ光の波長，特徴を比べると表 3-8[2)]のようになる。

レーザビームは，位相と波長が揃っていることと広がりが太陽光よりもはるかに小さいことから，レンズで太陽光の場合より小さな点に集光することができる。その結果，他の手段では達成できないような高パワー密度の光源(熱源)が容易に得られ，機械的な力を加えずに非接触で加工ができること，電子ビーム加工と違い大気中で加工ができること，マイクロ加工ができること，レーザ光に対する透明体の容器内で外からの照射・加工が行えることなどの特徴を持

表 3-8 レーザ発振器の分類[2]

レーザ名	母体の状態	活性媒質	母体材料	励起方法	波長(μm)	特徴,用途
ルビー	固体	Cr^{3+}	Al_2O_3	Xeランプ	0.6943	穴あけ
YAG	固体	Nd^{3+}	$Y_3Al_5O_3$	Krランプ	1.065	小出力,溶接
ガラス	固体	Nd^{3+}	ガラス	Krランプ	1.065	大出力,核融合
色素	液体	色素	溶媒	光励起	0.216〜0.321	波長可変,分析
He-Ne	気体	Ne	He,Ne	グロー放電	0.6328	小出力,計測
Ar^+	気体	Ar^+	Ar^+	アーク放電	0.488 等	分析,医用
CO_2	気体	CO_2	CO_2,N_2,He	グロー放電	10.63	大出力,加工
GaAs	半導体	電子,正孔	(GaAl)As	電流注入	0.87	小型,通信,加工

つ。それゆえに,レーザ発振器の消費電力に対するレーザ光の出力の割合であるエネルギー効率が,半導体レーザを除き,高々15％と低いにもかかわらず,レーザ加工は魅力ある加工方法と位置付けられ,金属の熱処理・切断・溶接といった加工に使われている。

(3) 木材のレーザ加工

レーザの木材加工への適用例は金属加工に比べると非常に少ない。工業的には,板紙や段ボールに印刷さ

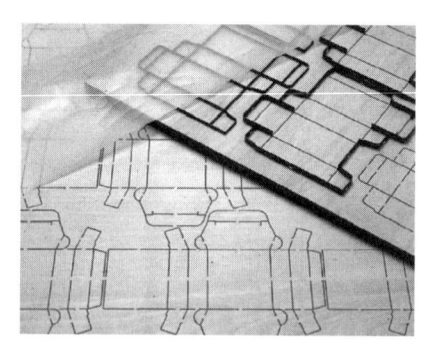

図 3-88 CO_2レーザで溝切りされたシナ合板(下)とそれに刃物を一部埋め込んだレーザダイボード(上),抜かれるシート(上左)
(レザック社カタログより)

れた紙器の展開図を打ち抜く型であるシナ合板製の抜型(die board)に打ち抜き用刃物を埋め込むための断続的な曲線溝の加工[3]などに,工芸的には,銘木で作られた宝石箱などの木製品の表面を部分的に消失させることによる加飾に,それぞれ CO_2 レーザが利用されている。木材や木質材料の加工には,有機物へのレーザ光の吸収率が高いことによる加工性の良さとマクロ加工に必用な高出力が得やすいことから,表 3-8 の気体レーザの一種である CO_2 レーザ(carbon dioxide laser)が専ら使われる。研究段階ではレーザインサイジング(laser incising)[4]やレーザ切断[5]の研究が行われている。レーザインサイジングは,高出力 CO_2 レーザで木材に深さ 120 mm 程度までのピンホールを所定の間隔であけ,それ

第10節　特殊加工

表 3-9　CO_2レーザによる木質材料の切断能力[5]

材料[*1]	密度 (g/m^3)	厚さ (mm)	出力 (kW)	切断速度 (m/min)	所要エネルギー[*2] (kJ/cm^3)	切断面の状態[*3]
ベイマツ	0.58	12.7	1	4.33	2.15	B
	0.58	12.7	5	38.1	1.36	B
	0.58	25.4	5	10.1	2.00	BB
	0.58	38.1	5	4.45	2.24	CS
サザーンパイン	0.66	19.1	3	6.34	2.79	B
レッドオーク	0.69	19.1	3	5.09	3.32	BB
ベイマツ合板	—	19.1	2	4.82	1.98	CS
パーティクルボード						
Pタイプ	0.64	13.0	1	3.05	2.13	C
	0.64	13.0	4	11.4	2.77	C
Uタイプ	0.64	13.2	1	3.05	2.44	BB
	0.64	13.2	4	11.4	3.14	BB

[*1] 含水率は6%, 原則として横切削.
[*2] 単位体積の切断溝を形成するのに必用なレーザ光のエネルギー.
[*3] 切断面の熱影響の程度. B：炭化は認められないがわずかに褐変,
　　 BB：Bよりも顕著な褐変, CS：わずかに炭化, C：顕著に炭化.

らの穴を通して，気体や液体を木材内部から外部へ，あるいは外部から内部へ，移動させることによって，蒸気噴射乾燥で示されたような木材の急速乾燥や，防腐・防虫処理あるいは耐火集成材の開発に見られるような高機能化処理のための薬液注入といった技術の開発に貢献できるものと思われる．また，レーザ切断については切断能力に関する報告がいくつかされており，その内，大出力レーザによる木材または木質材料の切断能力は**表 3-9**のように報告されている[5]．

　木材のレーザ加工は，非接触で加工ができること，加工の開始と終了が電子的に行えること，挽き道幅が鋸に比べて狭いこと，鋸では困難な曲線挽きが容易に行えることという長所があるが，熱加工であるので，加工表面が炭化する場合が多いこと，エネルギー効率が低いこと，装置が一般の木工機械に比べて高価であることという欠点がある．したがって，従来の機械加工では困難か不可能な加工にのみレーザを用いるべきである．

10.2　高圧水流加工

(1) 高圧水流加工とは

　高圧水流加工とは，高圧タンク内で最大410 MPa程度まで加圧した水を，直

径 0.1～1 mm の特殊なノズルから連続あるいはパルス状に，数 100 m/s の速さ(最大でマッハ 3 程度)で噴出させて，物体を切断する機械で，ウォータジェット(water jet)またはアクアジェット加工とも呼ばれる。

図 3-89　低圧ウォータジェットによる丸太の剥皮

直径の小さい流体ジェットで加工するので，鋸加工に比べて挽き道幅が狭く，加工を工作物の任意の点から開始し任意の点で終了でき，レーザ加工と違い熱影響層ができないという利点がある。反面，高圧流体を扱う上での危険性，噴出した流体がノズルからの距離とともに広がること，材料内部でジェットが加工しやすい部分に沿って進み，切断面が必ずしも平面に仕上がらないこと，90 dB 程度の騒音を発すること，工作物を濡らすことといった欠点がある。広がりの少ないジェットを得るために，液体に分子量 100～700 のポリエチレンオキサイドを 0.2 ％ 程度添加したり，加工能力の高いジェットを得るために，液体に研磨材を混入させる工夫がなされている。剪断による切断が困難なゴムやウレタンなどの切断や，コンクリートなどの切断困難な材料の切断にウォータジェットが使われている例がある。また，液体圧力を 5～70 MPa の範囲に設定した低圧ウォータジェットは材料表面の洗浄などに利用されている。

(2) 木材の高圧水流加工

木材を高圧水流で切断すると，ジェットの一部が木材内部で加工しやすい部分(例えば早材)に沿って進んだり，ジェットが工作物を貫通しなかった場合には切断溝の先端部が洞穴状に広がったりする現象[6]が起こり，良好な切断を行うことが困難である。この理由から，現状では合板で 20 mm 程度の厚さまで，素材で 10 mm 程度の厚さまでしか，良好に切断できない。したがって，高圧ウォータジェットはボードやコルクの曲線切断に一部利用されているに過ぎず，ほかに，洗浄に利用される低圧ウォータジェットが，水面貯木場や土場で，図 3-89 に示したように，剥離しやすい樹種の原木の剥皮に利用されていたり，湿式繊維板製造工程におけるマットの裁断に利用されている。

第10節　特殊加工

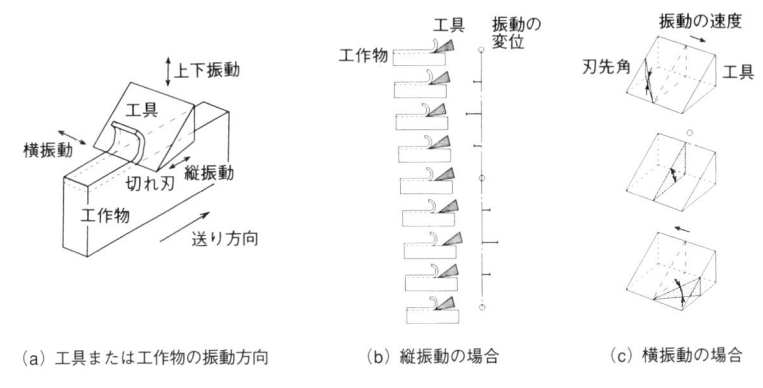

(a) 工具または工作物の振動方向　　(b) 縦振動の場合　　(c) 横振動の場合

図 3-90　振動切削の概念図

10.3　振動切削加工

(1) 振動切削とは

包丁で硬い物を切るときに，包丁を切れ刃の方向に往復運動させながら切ると，切りやすいことを我々は経験的に知っている。振動切削(vibratory cutting)の一つの方式はこれと同じ原理を用いたもので，工具で単に切削方向に切っていくよりも，同じ工具でより良くあるいは効率よく切ることが期待できる。

工具または工作物に振動を与える場合，図 3-90(a)のように，振動方向は3通り考えられる。

工具を前後方向に振動させる場合(縦振動)，その振動数を f，振幅を a，工作物の送り速度を v とすると，工具の最大振動速度 $2\pi af$ が v より大きい場合には，振動周期のある時間のみ切削が集中的に行われ，他の時間は工具が工作物の送り速度より速く後退するので切削は行われないという工具の前後運動による断続切削が起こる。その概念図を，工具の振動の変位を添えて，図 3-90(b)に示した。この方式の振動切削においては，送り速度に等しい切削速度を臨界切削速度(critical cutting speed)という。切削速度の送り速度に対する比 $2\pi af/v$ が大きいほど，切削抵抗の軽減や加工面粗さの減少といった振動切削の効果が期待でき，この比が1以下では通常の切削と変わらなくなる。切削抵抗が減少する主な理由は，工具は1サイクルの振動中で僅かの時間しか切削しておらず，かつその切削は衝撃的に効率よく行われるので，結果的に平均切削抵抗が下が

るためである。[7] よって，この切削機構が成立しない横や上下方向の振動切削においては切削抵抗の軽減は期待できない。

　工具を横方向に振動させると(横振動)，図3-90(c)のように，振動を与えない場合の切削角より小さい範囲で切削角が周期的に変化する。切削は連続して行われるので，振動切削による効果は前後方向に工具を振動させた場合に比べてやや少なくなるものの，切削面の品質の向上や切削抵抗の減少が期待でき，良好な切屑が得られる。

　工具を垂直方向に振動させた場合には(上下振動)，切削面が荒れたり，切屑厚さが周期的に変化するので，その効果はあまり期待できない。ただ，丸鋸の軸穴に偏心リングをはめて回転させると，この方式の振動切削を行うことができ，切断面は工具の側面になることから，切削抵抗が軽減されたり切断面の粗さが改善されたりして，工具に前後方向の振動を与えた場合の切削と同様の効果が認められる。[8]

　振動を与える方法には，機械的な加振方式と電磁気的な加振方式があり，前者の加振の周波数域はあまり高くできないが，後者のそれは低周波から高周波まで広い範囲で選ぶことができる。偏心丸鋸による振動切削は前者の方式を採用した例である。

(2) 木材の振動切削

　木材の振動切削の研究は1960年頃[9]から行われ始め，適正な振動方向と振幅を選べば，切削抵抗を50～90％も低減できたり[10]，工具の寿命を2倍以上延ばすことも可能であるとされている。[11] しかし，加振装置が高価なことなどのために，低周波の振動研削が実用化されているものの，それ以外の分野では実用化はそれほど進んでいない。

● 引用文献

1) 長野幸隆ほか："レーザプロセス技術ハンドブック"，池田正幸ほか，朝倉書店，106-401(1992)
2) レーザー学会編："レーザーハンドブック"，オーム社，171-204(2005)
3) "Laser die-cutting for the folding curton industry", *Paperboard Packaging*, **55** (3), 29-31(1970)
4) N. Hattori *et al.*: "Incising of wood with a 500 watt carbon-dioxide laser",

Mokuzai Gakkaishi, **37**(8), 766-768(1991)
5) C. C. Peters *et al*.: "Cutting wood and wood-based products with a multikilowatt CO_2 laser", *Forest Prod. J.*, **27**(11), 41-45(1977)
6) 小松正行:"木材のウオータジェットによる切削加工(第1報)噴射加工条件と最大切削深さの関係",木材学会誌,**27**(2),79-86(1981)
7) 隈部淳一郎:"超音波振動切削に関する研究(第3報,超音波振動切削機構の解析)",日本機械学会論文集,**27**(181),1396-1404(1961)
8) M. Noguchi *et al*.: "Ripsawing with thin eccentric circular saws. The effect of eccentricity on feed force", *Mokuzai Gakkaishi*, **27**(10), 731-736(1981)
9) H. Kübler: "Das Sneiden von Holz mit Vibrations messern", *Holz-Zentralblatt* No.115, 1605 (1960)
10) 加藤幸一ほか:"木材の振動切削に関する研究(第1報)",木材学会誌,**17**(2),57-65(1971)
11) M. Noguchi *et al*.: "Use of ultrasonic vibration in turning wood", *Wood Sci*., **5**(3), 211-222(1973)

一口メモ
木材の摩擦機構について

　被削材としての木材と工具(すくい面や逃げ面)との摩擦は切削抵抗に影響を与えるので、ここでは木材の摩擦機構について触れてみたい。摩擦と言えば、最初にクーロンの法則を思い浮かべる方が多いと思う。この法則は、二面が与えられたとき、(1)摩擦力は接触する見掛けの表面積には無関係で、垂直荷重に比例すること、(2)摩擦力はすべり速度に無関係であることの二つを規定している。これらの経験的事実に基づいて、摩擦の発生原因が種々検討され、今日固体間に発生する摩擦は表面の幾何学的凹凸のひっかき作用に基づく変形抵抗(変形成分)、真実接触部の凝着作用に基づくせん断抵抗(凝着成分)、さらには表面凹凸が上下運動するときに必要なエネルギーの損失や接触変形における弾性ヒステリシス損失などに起因するとされている。その中で、一般的には凝着成分が支配的であると考えられている。木材の摩擦機構についても上記の変形成分と凝着成分によって説明できるようである。たとえば、木材と鋼の平面どうしの摩擦において鋼面が極めて滑らかな場合にはその摩擦は主として凝着成分に依存し、一方鋼面の表面粗さが大きくなると、凝着成分に加えて、鋼の接触突起のひっかき作用による変形成分が介入するため、摩擦が両成分に依存するものとなる。いずれにしても木材の摩擦機構の把握は木材切削の理解の上で重要である。

❖ 一口メモ ❖

丸太材積測定の国際比較

(1) 長さの比較

メートル m	フィート ft	インチ in	尺	間
1	3.2808399	39.370079	3.3	0.55
0.3048	1	12	1.00584	0.16764
0.0254	0.08333	1	0.08382	0.01397
0.3030303	0.9941939	11.930327	1	0.166667
1.8181818	5.96516	71.5820	6	1

(2) 体積の比較

立方メートル m^3	ボードフィート Bm(BM)	立方フィート CBF	立方尺	石
1	423.776	35.314667	35.937	3.5937
0.00236	1	0.08333	0.08479	0.00848
0.02832	12	1	1.01756	0.10176
0.02783	11.7928	0.98274	1	0.1
0.2783	117.928	8.82735	10	1

注) 1 BM(ボードフィートメジャー) = 1 in×1 ft×1 ft
1 CBF(キュービックフィート) = 1 ft×1 ft×1 ft
1 立方尺 = 1 尺×1 尺×1 尺
1 石 = 1 尺×1 尺×10 尺

(3) 実行換算率
 1 m^3 = 424 BM, 1 m^3=3.6 石
 1 石 = 0.278 m^3, 1 石=120 BM
 1 CBF = 12 BM
 1000 BM =2.36 m^3, 50000 BM =118 m^3
 1000 SCR bdf = 1.7×2.36 m^3
 1 SCR・BM = 0.004 m^3(丸太材積)は1BM(0.0024 m^3)の製材品材積をとるのに必要な丸太材積のこと。
 1000 SCR = 1000 BM の製材品がとれる材積のこと。
 SCR(スクリブナー・ボードフィートメジャー)北米の検量方式。

第4章　切削加工の自動化と安全

第1節　切削加工におけるセンシング技術

　近年各種センサと情報方処理技術の進歩により，加工プロセスにおける自動計測とそれを基にした品質管理，生産管理や製造機械およびシステムの自動化が進みつつある。木材のように品質の変動が大きな材料の加工においても，この自動化は進みつつあり，少品種大量生産だけでなく，多品種少量生産の製造ラインにおいても高付加価値生産を可能にする自動化技術の開発が進みつつある。本節では木材加工において実用化されている丸太や挽き材の自動計測(スキャニング)技術や加工プロセスのセンシング技術の開発事例を紹介する。

1.1　丸太の形状と品質の自動計測

　ヨーロッパや北米では製材工場の規模が大きく，扱う原木丸太の量も多いことから，丸太の自動計測技術は一般化している。その多くは土場での原木丸太の仕分け工程に導入されており，LEDやレーザなどの光源と光センサを用いた光遮断方式の測定装置を用いて，丸太の直径，長さ，曲がり，完満度などを計測している(図4-1)。得られた形状データはコンピュータで管理され，生産計画に応じて所要の丸太を製材工場に送り込むシステムをとっている。また金属探知器などを用いて鉄片などを検出する場合もある。

図4-1　ヨーロッパの製材工場での原木丸太の形状測定装置

一方日本では，欧米に比べて製材工場の規模が小さく，また従来，量的歩留まりよりも価値歩留まりを重視して製材技術者が経験に基づいて回し挽きを行う場合が多く，丸太の自動計測技術の導入は遅れた。しかし近年では製材工場の大規模化や効率改善が進み，ツイン帯鋸盤への原木投入段階での自動計測が一般化した。盤台上にセットされた丸太の両木口をカメラで写し，画像処理によって，丸太の芯を割り出し，この位置で送り装置が丸太をチャッキングしたり，丸太の直径に応じて最適な木取りパターンを自動的に選び，自動製材する方式のものが開発されている(図4-2)。また盤台上で丸太をゆっくり回転しながら，長さ方向の数カ所においてで光学式のセンサで丸太の直径を測定し，丸太の曲がりを含めた形状測定を行い，最適木取りを自動的に選択する方式のものもある(図4-3)。

図4-2 丸太の木口断面撮影装置付きのツイン帯鋸盤

(シーケイエス・チューキ社カタログより)

図4-3 丸太の形状測定装置付きのツイン帯鋸盤

(菊川鉄工所カタログより)

これまで丸太内部の空洞や腐れなどの欠点のほか，節や木目の状態などの材質を非破壊で評価する技術として超音波，マイクロ波やX線を用いる方法などが検討されてきたが，最も精度よく計測できるのはX線を用いたCT法(computer tomography)と考えられる。これは医療用のX線CT装置と同じ原理の装置で，一対のX線管と検出管を丸太を挟むように対向してセットし，丸太ないしは装置を回転させて，X線の透過量を丸太の多数の放射方向で測定し，コンピュータによる計算によって丸太内の密度分布を再構成して可視化する装置である(図4-4)[1]。この装置によって含有水分の分布を含め，計測した位置での

丸太の輪切り断面についてその年輪構造まで正確に知ることができるが，高価である，特別の安全対策や許認可が必要であるという理由で木材工業では一般的ではない。しかし波長が紫外線に近く，人体に安全という特徴を持つ軟X線を用いた製材の材質評価装置は導入されつつある。軟X線を用いて丸太を回転させながら多数点を計測することにより，任意の仮想断面における節および木理パターンをシミュレートできる[2]。

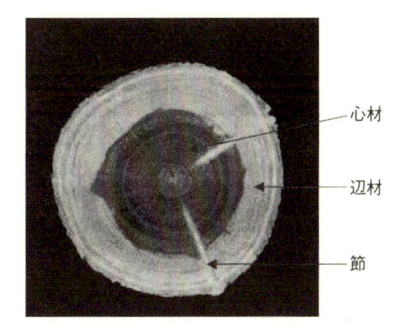

図4-4 丸太断面のCT画像例[1]

1.2 挽き材の寸法と品質の自動計測

製材工場や集成材などの木質材料製造工場では，挽き材などの半製品の寸法，材質や欠点の評価に各種の自動計測技術が用いられている。長さ，幅や厚さなどの計測は，材の移動中に行なわれるが(オンライン計測)，送り速度がおよそ10 m/min程度以下の場合には接触式のセンサが用いられ，それ以上では光学式などの非接触方式のセンサが用いられる。含水率のオンライン計測にはマイクロ波が用いられるのが一般的で，マイクロ波の透過率から含水率を求める(図4-5)。また製材や集成材のラミナの強度評価には，ストレスグレーディングマシンが用いられる。これは，送材中に挽き材に一定の曲げ荷重やたわみをあたえ，その時のたわみや反力から挽き材の機械強度を評価する装置である(図4-6)。また挽き材の木口をハンマで叩いた時の打音の周波数スペクトルからヤング率を求める装置も用いられている。これはハンマリングによって生じる縦振動の固有振動数が，木材の弾性定数と理論的に結び付けられることを用いている(図4-7)。

合板の製造過程で生じる接着不良のうち，いわゆるパンクと呼ばれる

図4-5 マイクロ波木材含水率測定装置

図4-6 マシンストレスグレーダ
(飯田工業社カタログより)

単板どうしの剥離の検出には音波を用いた装置が用いられている。この装置は剥離境界では音波が伝搬しないことを利用しておりパンクの検出率は高い。しかしいわゆる接着はしているが強度が不足しているような接着不良の検出は不可能である(図4-8)。また、サーモグラフィ装置による表面温度分布から合板の接着不良を検討する試みもある。

最近では、様々な光学測定装置や画像処理を駆使して、挽き材の材面に現れた節、変色領域、木目、割れなどを非接触で高速で識別し、これらの欠点や材質的特徴を含む材を選別・分類したり補修する工程までが自動化されるシステムが開発されつ

図4-7 打音によるヤング係数の測定装置
(山佐木材社カタログより)

図4-8 合板のパンク検出装置

つある。またこれらの装置のデータ処理速度も高速化し、100 m/min 以上の送材システムでも瞬時に材質を識別できるようになりつつある。

1.3 加工プロセスのセンシング

切削加工中に工具,機械や被削材に生じる様々な現象をセンシングし,加工状態を識別すること,さらにそれに応じて加工条件を制御する試みは,古くから金属加工だけでなく木材加工でも実施されてきた。切削音,振動,AE(アコースティックエミッション),切削抵抗などによる工具摩耗の識別,逆目や切削面の荒れ発生の検出,工具の振動や挽き曲がりなどの検出の可能性が明らかにされている[3,4]。またこれらの検出量に応じて送り速度をフィードバック制御する研究もあるが,実用化されるには至っていない[5,6]。一方,加工状態の認識においては,スペクトル解析やファジィ推論を用いた加工状態の識別,ニューラルネットワークなどを用いた状態量のパターン認識の可能性も明らかにされている[7,8]。

●引用文献

1) P. Sepulveda *et al.*:"Predicting spiral grain by computed tomography of Norway spruce", *J. Wood Sci.*, **48**(6), 479-483(2002)
2) 栃木紀郎ほか:"鋸断加工面における木理模様のコンピュータ・シミュレーション", 木材学会誌, **29**(12), 845-852(1983)
3) 松元 浩ほか:"木材研削におけるAE特性(第2報)ベルト研削のAEに及ぼす研削圧力と研削方向の影響", 木材学会誌, **43**(3), 280-284(1997)
4) 村瀬安英ほか:"超仕上かんな盤におけるAE測定(第2報)縦および横切削のAE特性に及ぼす切削速度とバイアス角の影響", 木材学会誌, **39**(6), 724-728(1993)
5) 高田秀樹ほか:"木材の表面加工に関する研究(第1報)ルータ加工における適応制御切削技術", 木材学会誌, **33**(12), 934-940(1987)
6) アラム・モハマド・トプシルほか:"丸のこ切削の適応制御加工に関する研究(第1報)", 木材工業, **55**(3), 109-112(2000)
7) 黄 箭波ほか:"帯のこ挽き材加工のファジィ制御に関する研究(第4報)自己調整付ファジィ制御における修正方法及び学習効果について", 木材学会誌, **44**(1), 17-24(1998)
8) 澤田 豊ほか:"帯鋸歯研削音のパターン認識による研削工程の識別", 木材学会誌, **46**(4), 305-310(2000)

第 2 節　自動制御加工

2.1　自動制御の分類と種類

マイクロエレクトロニクス技術の進展によって，わが国の木材および木材関連産業で稼働している加工機械の多くが，マイコンをはじめとしたコンピュータに支援されているが，主な自動制御加工機械としては数値制御(numerical control，以下 NC と略記)加工機とプレカットシステム(precut system)になる。

自動制御(automatic control)技術の発展は目覚しく，その応用分野も極めて広くなり，それらの種類と分類も多様であって固定的ではないが，全体を概観すると次のようである。

(1) 理論的視点に基づく分類

大別すれば，古典制御理論，現代制御理論，ファジィ制御がある。

(2) データ処理方式に基づく分類

アナログ制御とデジタル制御に区別される。

(3) 信号の流れ方に基づく分類

フィードバック制御，フィードフォワード制御，シーケンス制御に区分される。

以上の分類とは別に，多様な制御を単純に制御手法ごとに分類する考え方もある。すなわち，1)フィードバック制御，2)フィードフォワード制御，3)シーケンス制御，4)プログラム制御，5)カスケード制御，6)バッチ制御，7)計算機制御，8)最適制御などに分類されるが，現状ではいずれも便宜的なものであると考えた方がよい。

先に述べた木材加工用の NC 加工機やプレカットシステムの多くは，フィードバック制御方式に分類されるが，これは制御装置(controller)上のことであって，後述するが，加工機械を含むシステム全体としてのことではない。

そこで本節では，NC 加工機とプレカットシステムおよびこれらに関連する周辺技術について記述する。

2.2　CAD/CAM

CAD(computer-aided design)はコンピュータ支援設計であり，CAM(computer-aided manufacturing)はコンピュータ支援生産であるが，これらを一体化して用いるとその威力は倍増される。一体化された CAD/CAM システムは，図形の作成・解析から加工情報にいたるまで，すなわち設計から生産の全工程がコンピュータ支援されている。このシステムの性能はコンピュータの演算能力と記憶容量，さらにはソフトウェアの構成に左右されるが，最近では汎用パソコンで構成した廉価なシステムもある。

この CAD/CAM は進化が著しく，今日では営業，設計，生産管理，生産工程の全てを統括管理して，受注段階から最終的な納期に合わせた必要量の生産までを一括した統合生産管理システム(CIM：computer integrated manufacturing)まで開発されている。しかし，木材産業に限定すれば，分散型 CIM が利用されているに過ぎない。

現実の生産現場では，CAD といっても NC 加工機の場合には NC プログラミングがその仕事の大半であるが，プレカット工場では CAD による伏図作成に時間を占有されている。

2.3　プログラミング

生産現場でシステムを運転するためには，ソフトウェアを構築しなければならない。これも NC 加工機の場合には主として NC プログラムであるが，プレカットの場合には CAD 伏図作成である。これらはその内容が大幅に異なるので，ここでは前者の NC プログラム作成について述べる。

加工情報の全てを数値と記号に置き換えてプログラムを作成し，これを指令することによって，NC 加工機は自動的に制御される。女木のあり加工の一例を 図 4-9 に示す。このように NC プログラムは 0～9 の数値，A～Z のアルファベット，および「-」，「;」，「#」，「%」などの記号で構成される。また，**表 4-1** に示すようなアルファベットをアドレス(address)と呼び，以下に続く数値の意味を規定する。

数値と記号で構成される NC プログラムは，極論すれば座標軸上の工具の「位置決め」でしかない。したがって，これが工具と化して直接切削するわけではないので，切削工学がプログラムの基本になることは間違いない。

2.4　時定数と加工誤差

図 4-10 のような「直角や円」を反時計回りに加工する際に，現実の工具は同

00001	%	00019	G03X-12.R12.	00037	Y-15.
00002	G90	00020	G01Y-10.	00038	Y3.
00003	G00X0.Y-15.	00021	X-16.1	00039	Y-15.
00004	M03S4000	00022	Y16.	00040	Y9.
00005	G44H01Z0.	00023	G02X16.1R16.1	00041	Y0.
00006	G01Z-11.5F500	00024	G01Y-15.	00042	Y14.
00007	Y0.	00025	X-2.	00043	Y-10.
00008	Y-15.	00026	Z-17.	00044	X-4.3
00009	Y9.	00027	Y0.	00045	Y14.
00010	Y0.	00028	Y-15.	00046	G02X4.3R4.3
00011	Y16.	00029	Y9.	00047	G01Y-15.
00012	Y-10.	00030	Y0.	00048	G00Z0
00013	X-6.	00031	Y14.	00049	X0.Y0.
00014	Y16.	00032	G02X2.R2.	00050	G49Z0.M05
00015	G02X6.R6.	00033	G01Y-15.	00051	M30
00016	G01Y-10.	00034	Z-23.5	00052	M02
00017	X12.	00035	X0.	00053	%
00018	Y16.	00036	Y-3.		

図 4-9 NC 加工機用プログラムの一例

表 4-1 アドレス

機　　能	アドレス	意　　味
プログラム番号	O	プログラム番号
シーケンス番号	N	シーケンス(工程)番号
準備機能	G	動作モード(直線, 円弧など)を指定
ディメンションワード	X, Y, Z A, B, C R I, J, K	座標軸の移動指令 付加軸の移動指令 円弧の半径 円弧の中心座標
送り速度	F	送り速度の指定
主軸機能	S	主軸回転数の指定
工具機能	T	工具番号の指定
補助機能	M B	機械側でのオン/オフ制御の指定 テーブルの割り出し寸法
オフセット番号	H, D	オフセット番号の指定
ドウェル	P, X	ドウェル(一時停止)時間の指定
プログラム番号の設定	P	サブプログラム番号の指定
繰り返し回数	L	サブプログラムの繰り返し回数
パラメータ	P, Q, R	固定サイクルのパラメータ

図に破線で併記されたように，プログラム上の経路の内側を通過し，加工誤差を発生する。これは制御原理上の主として時定数に基づく必然的な誤差であり，工具移動が速いほど，またシステム質量が大きいほど顕著になる。このことは，「直角に曲がる線上」を人が歩く場合と，自転車や自動車で通過する場合を想定すれば理解しやすい。速度が速くなったり，質量が大きくなると，このコーナーをオーバーランした後，所定の線上に戻る。これを軽減・防止するために，工具移動を減速して瞬間停止させるイグザクトストップ(exact stop)や，コーナーである微小時間だけ停留させるドウェル(dwell)機能

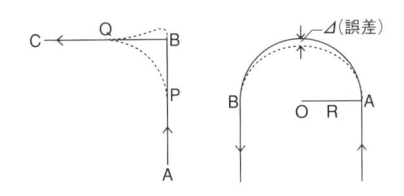

図 4-10 加工誤差の原理

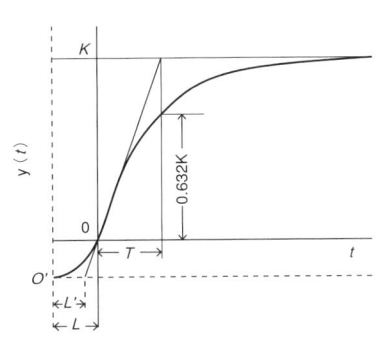

図 4-11 プロセス制御の時定数[1]

があるが，煩わしさのためにいつも用いられるわけではない。

制御の点から考えれば，工具が B 点に到達した時点で C 方向への移動を指令すると，コーナーをオーバーランしてしまう。これは機械システムに慣性が作用しているからである。そのために，事前にこのことを指令する必要がある。図 4-9 のプログラムで説明すると，あるブロックの加工が終了しない前に，すなわちブロックエンドに到達する前に次ブロックへの移動を指令する。この指令を受けた点が，図 4-10 に示したブロックエンド(B 点)の手前の P 点であり，ここから移動が開始されるから，結果として実際の工具経路はプログラム上の経路の内側になって誤差を発生する。

制御系は色々な性質の要素の組み合わせによって構成されているので，ステップ入力に対するステップ応答にはある微小時間の遅れが発生する。このプロセスの 1 次遅れのステップ応答のプロセス近似は一般に図 4-11 のように説明されている[1]。すなわち，$t \to \infty$ で目標値 K に収れんするが，むだ時間 L (L'：等価むだ時間)は方程式化が困難であるために，これらをシフトさせてプロセス

曲線の接線分で取り扱われることが多い。すなわち，この接線と単位ステップ K と交わる点までの時間が時定数 T である。これらの関係は $y(t) = K(1-\mathrm{e}^{-t/T})$ で表されるが，$t/T=1$ のとき $y(t) \fallingdotseq 0.632\,K$ となり，目標値の 63.2 % に到達するまでの時間が時定数 T になる。これは 1 次遅れ分だけであって，2 次遅れは更に過制動，臨界制動，不足制動の複雑な議論になる。

以上はコントローラ上のことであって，現実の加工機にはこれにサーボモータが繋がり，さらに工具やテーブルが具備されているために，システムとしては大きな時定数になる。生産現場の加工機の場合には，機械システムまでを含めた系全体でとらえると 100 ms 程度と考えられる。また，これらのシステムの電気系統はフィードバック制御で各種の補正がなされているが，テーブルの真の移動量を検出してフィードバック制御されているわけではない。すなわち，システムとしてはクローズドループにはなっていない。

2.5 自動制御加工機械

プレカット加工機の制御装置には NC の原理を用いたものが少なくない。その点からは NC 加工機とプレカットシステムも同一の自動制御加工機として扱うことができなくもないが，そのシステムの規模の大きさと業種の違いから，ここではこれらを分けて記述する。

(1) NC 加工機

わが国の NC 加工機の制御には，主として代数演算方式が採用されている。これらの加工機も木材加工に限定すれば，NC ルータ，NC ボール盤，NC 旋盤，NC サンダ，NC ほぞ取り盤などであり，家具・建具業界や建築設備業界で稼働している。

NC ルータには加工軸(スピンドル)が 1 本だけの機械と複数個もつタイプがあるが，いずれの場合にもテーブルが広幅であるために，各種のモデル加工や軽金属加工などにも用いられている。

これらの NC 加工機は通常 XYZ 軸の 3 方向に運動する 3 軸制御タイプと，これを別の XY テーブル上に搭載した 5 軸制御タイプのものがある。後者のタイプはスピンドルの傾斜と旋回が可能であり，より複雑な加工向きである。

NC 加工機を実際に運転する際には，先に述べたプログラムが必要である。このプログラムも CAD を用いて作成し，これを NC 加工機に転送する手法と

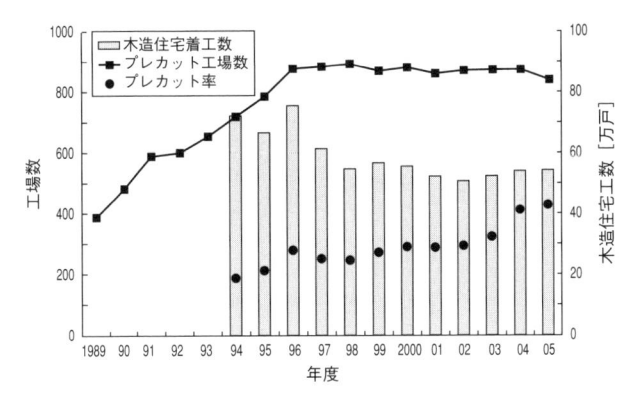

図 4-12 プレカット工場数・木造住宅着工数とプレカット率の推移[2]

フロッピー渡しがあるが，NC加工機に直接入力してメモリー運転することも可能である。

(2) プレカット加工システム

1) プレカットの現状

プレカットは「あらかじめ切断する」という意味であるが，今日のわが国の木造住宅業界ではかなり限定された方式に対して，この語が当てられている。すなわち，木造軸組構法において，柱や横架材の接合部に施される継手仕口の加工を，機械で行う方式を「プレカット」と呼ぶようになっている。

従来，接合部は熟練技能者によって墨付け・刻み加工がなされるか，熟練大工による墨付けに基づいて専用機で加工されるかのいずれかであった。ところが，熟練大工不足が慢性化したり，墨付けや加工形状・箇所などの人為的ミスが発生するなど問題が少なくなかった。そこで，これらを解消すべく，墨付け作業不要の今日的なプレカットの祖型ともいえる，CAD/CAM搭載型の全自動プレカットシステムが昭和50年代末期に開発された。その後，このシステムは，①高精度，②現場作業の効率化，③工期短縮，④納期の計画化などを背景として市場を拡大し，今日では図4-12に示すように800工場以上設置されるようになった[2]。この間，ライン構成がコンパクト化され，他方，システムの通信・制御の高速化によって高能率化を達成し，標準的な加工能率が40坪/日から，今日では6〜8坪/時になり，さらには25坪/時の生産能力を有するシステ

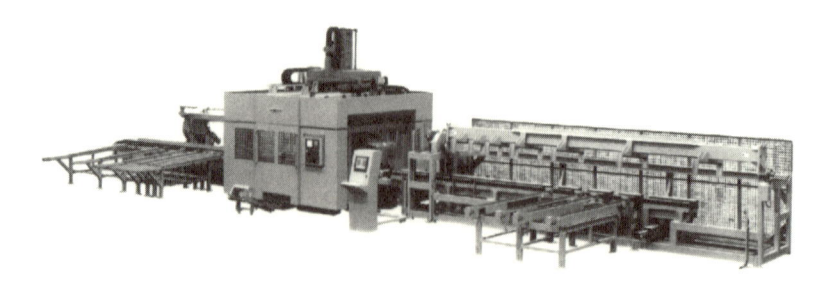

154   第4章 切削加工の自動化と安全

図 4-13　5 軸加工機
(平安コーポレーション社カタログより)

ムまで開発されるようになった。

　これらの構造材プレカットの後を追うようにして，造作材プレカットともいえる野地板や羽柄材プレカットラインも開発され，住宅部材の自動生産システムの完成度は一層高まったが，現状では構造材プレカットラインとの情報の互換性は確立されていない。

　従来のプレカットラインは曲がり梁や合掌造りの加工には対応できなかったので，別の専用単能機を用いていたが，**図 4-13** に示すような 5 軸加工機の出現によってこれらの問題が解消され，構造材の自動生産システムはほぼ完成の域に達した。

　近年の住宅建設戸数は概ね 100 万戸であるが，この 45％ 程度が木造であり，その 80％ が従来軸組構法によるものであるが，**図 4-12** からこれらの 70～80％ がプレカット化されていることがわかる[2]。これらのことから，プレカットは住宅産業界で今日では大きな一分野を形成しているといえる。

2) CAD/CAM プレカットシステム

　従来，大工が板図(伏図)を描き，それに基づいて，木拾い・墨付け・刻み加工を行っていた。しかし，今日では伏図作成段階から CAD を用いるために，木拾いをはじめとして個々の部材の加工情報までもが自動的に得られる高度な CAD システムになっている。

　NC 加工機の場合には現場(工場)で制御加工用のプログラムを作成しなければならないが，CAD/CAM プレカットシステムではこの種の作業は皆無であり，機械メーカから出荷された段階で全て済んでいる点が著しく異なる。例えば，あり

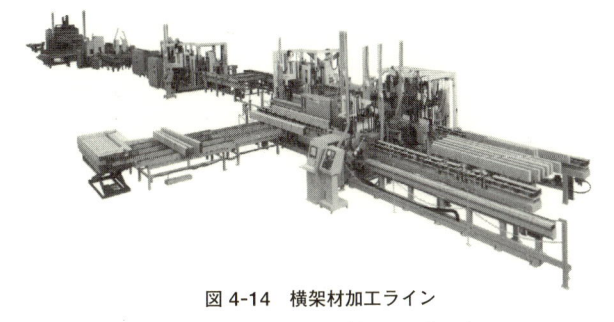

図 4-14　横架材加工ライン
（平安コーポレーション社カタログより）

ほぞの加工に対して，あらかじめ複数のプログラムが用意されてサブルーチンに格納されているため，材成(高さ)によって適当なタイプを呼び出すだけでよい。

したがって，プレカットのCADでは専ら伏図の作成が主であり，どの部位にどのような接合部を設けるかということになる。それゆえ，この仕事が重要な意味を有し，伏図の良否が住宅の強度性能を直接左右する。

次にCAMであるが，これは柱加工機と横架材加工機に大別される。これらも加工する方向によって材軸方向が縦加工，材軸に垂直方向が横加工と呼ばれている。しかし，柱加工機と横架材加工機をセットでライン化する場合には，それぞれの加工機に独立して縦加工と横加工の機能を付与することはなく，効率上いずれかの加工機で一元化させることが多い。図4-14に横架材加工ラインの様子を示す。生産現場では，多くの加工機をネット上で繋いでいるために，上位のコンピュータで全てが管理されている。具体的には材番①の材料が加工機①に搬送されたとする。①番材料に施す全ての加工情報はまとめて一括管理されており，加工機①のタレットに装備されている全工具分の加工情報はコンピュータから指示され，順序良く全ての加工がなされてしまう。すなわち，加工位置，上下面，寄せおよび成(高さ)などの確認後，クランプして加工が開始される。コンピュータは「材番①の材料を送る」という指令の他，加工の「開始」，「終了」指令までも管理している。

3）プレカット加工機による継手仕口の加工

構造部材にある角度(主として直角)をもたせた接合を仕口といい，材軸方向での接合を継手という。強度性能上からは全て一本物(接合部のない部材)がとくに

表 4-2　柱材と横架材の本数と加工箇所数(40 坪住宅)[3]

	種　類	本　数	本数 合計	本数／坪	本数／坪 合計
柱　材	通し柱	6	148	0.1	3.5
	化粧柱	29		0.7	
	管　柱	64		1.5	
	小屋・束	49		1.2	
横架材	土台・大引	47	226	1.1	5.4
	梁・桁・胴差	100		2.4	
	母屋・棟木	20		0.5	
	火打ち	59		1.4	

	種　類	箇所数	箇所 合計	箇所／坪	箇所／坪 合計
柱　材	両端カット	282	879	6.7	20.4
	両端ほぞ	282		6.7	
	柱もたせ欠き	25		0.6	
	貫　穴	198		4.7	
	胴差ほぞ穴	18		0.2	
	胴差えり輪掘り	18		0.2	
	回り縁欠き	56		1.3	
横架材	両端カット	432	2010	10.3	52.3
	大入れ蟻女木	198		4.7	
	大入れ蟻男木	198		4.7	
	鎌継ぎ女木	37		0.9	
	鎌継ぎ男木	37		0.9	
	各種ほぞ穴	293		7.0	
	間柱欠き	298		7.1	
	垂木欠き	243		5.8	
	火打ち掘り	120		2.9	
	根太掘り	200		4.8	
	筋違い掘り	92		2.2	
	胴差ほぞ	17		0.4	
	柱もたせ欠き	25		0.6	

継手に好ましいが，材料の調達，歩止り，搬送および加工時の材料の取り扱いなどの諸点から，現実には必要悪の加工とみなされている。

　これらの加工の大部分は，平ほぞ，ありほぞおよび鎌に代表される成形加工と金物用の穿孔加工である。それゆえ，用いる工具も寸法決めなどの鋸断加工用丸鋸，ありおよび鎌成形用の専用フライス工具と穿孔用ドリルである。

　標準的な 40 坪程度の在来軸組構法による木造住宅の柱と横架材の所要本数とその加工箇所数を **表 4-2** に示す[3]。同表から，横架材の方が数量的に多く，またその加工箇所数は更に多いことがわかる。このことから加工機の改良・工

4) マイクロエレクトロニクス技術援用の新しい接合部形状

NCに代表されるマイクロエレクトロニクス技術を援用して，新しい形状の仕口の有効性が示されている[4]。

夫は専ら横架材加工機に向けるべきである。

高度に熟練した大工による伝統技法として過去に珍重された四方

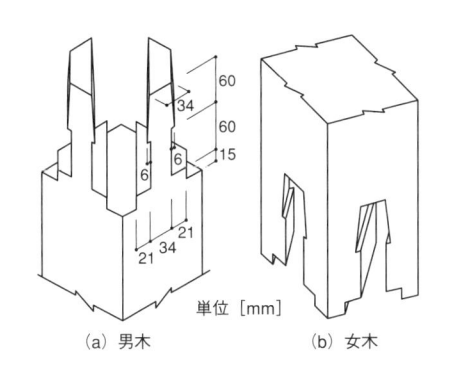

図4-15 新しい四方鎌継手形状[5]

鎌継手があった。これは四周側面に鎌形状が出現しており，現代の機械加工では無理な形状とされてきた。しかし，これも先の例と同様な技術援用によって，男木の鎌根元の凸状の陸部を凹状にするだけで，現状の回転工具でワンパス加工が可能であり，商用の鎌継手よりも強度特性が著しく向上する[5]。この新しい鎌継手形状を**図4-15**に示す。同図からも推察されるように，この鎌加工を途中で中断することによって，四方鎌継手を三方鎌継手や二方鎌継手にすることは容易である。

最近の木造住宅の接合部には，高耐力を得る目的でほとんどの場合，金物が併用されている。しかし，これとは別に長期荷重に対する変形や耐久性を視野に入れ，美と用を兼備した木組み本来のあり方を，近代的な技術の援用によって構築することが重要である。

● 引用文献

1) 田中毅弘："自動制御読本"，工業図書，17(1999)
2) 全国木造住宅機械プレカット協会資料(2005)
3) 梅津二郎："地震に強い「木造住宅」の設計マニュアル"，建築知識，114-125(1996)
4) 塚崎英世ほか："プレカットシステムによる接合部の強度特性"，日本建築学会大会学術講演梗概集(近畿)，257-258(2005)
5) 早藤千佐登ほか："機械プレカットシステムを用いた木造継手に関する実験的研究"，日本建築学会大会学術講演梗概集(関東)，1057-1058(1997)

第3節　切削加工の最適化

3.1　最適化とは

例えば，被削材の仕上げ面を考える時，「材の表面をその組織構造を考慮して可能な限り滑らかにしたい」という希望を満たす作業を最適化(optimization)といい，その作業をコントロール

図4-16　最適化のプロセス

するのが最適化制御(optimalizing control)である。また，「材の表面を滑らかにしたい」という漠然とした枠組みによって定まる切削加工に対する目標に対して，より具体的にかつ定量的に「加工面の表面粗さを60.0 μm以下にしたい」という切削加工を行う際の目的があった場合，そのために被削材の状態によって刻々変化する切削状態に対応した作業をコントロールするのが適応制御(adaptive control)である。それゆえ，適応制御は最適化制御の一部といえる。本節では適応制御を含めた最適化制御について述べる。最適化を実行するには，このように具体的に定量的な目的を設定する必要があり，これを目的関数という。すなわち，目的関数とは「こうしたい」という目的意識を明確に定量的に表したものといえる。NC機械に種々のセンサを取り付けて，加工費，加工時間あるいは切削面の性状などが一定になるように，送り速度や切削速度などを制御する最適制御加工法が注目されている。この場合には，目的関数は明らかに加工費，加工時間あるいは切削面の性状である。そして，これらが送り速度や切削速度を変えることによって影響を受けることは容易に理解でき，目的関数の変数となる。そして目的関数を最小あるいは最大にすることが，この場合の最適化である。

生産工程の最適化を図るには，「その求められる目的に適合するように，対象となっているものにある種の操作を加える」必要がある。目的に応じて対象のもつ検出可能な物理量の一つあるいはいくつかに着目して，どのような指令を与えるかが重要となる。物理量を制御量(controlled variable)，与える指令を制御指令といい，また指令を操作に換える行為をまかなうのが制御装置である(図4-

第3節 切削加工の最適化

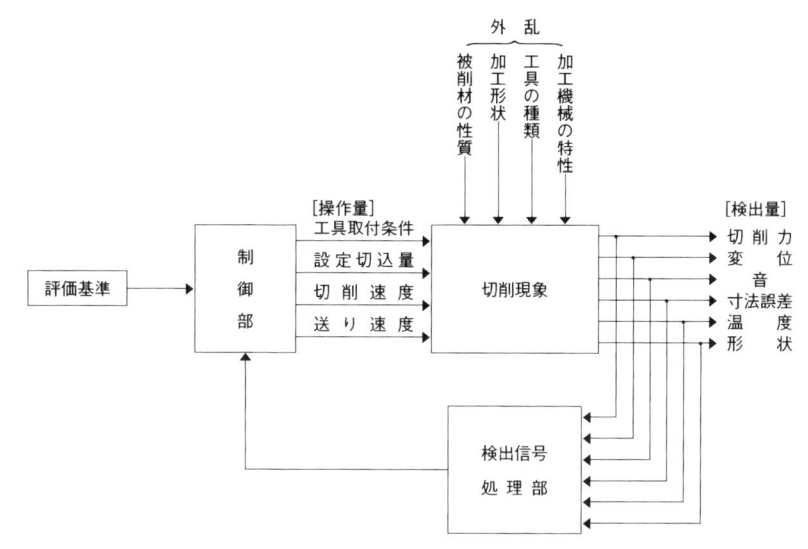

図 4-17 切削加工における最適化制御の概念[1]

16)。制御の一部を人間が行う場合は手動制御(manual control)であり、そうでない場合は自動制御(automatic control)である。

いまドリルによる穴あけ加工を考えてみよう。被削材が送り込まれると、ドリルに回転が加わり被削材に向かって降下し切削が行われ、加工が完了するとドリルは上昇移動し、時にはその回転を停止するような場合、制御の対象はドリルであり、目的は必要に応じてドリルが回転・降下移動したり上昇移動・回転停止の状態となることである。そのために動力源であるモータのスイッチを開閉することが操作となる。一方、厚さの異なる被削材を連続的に送り込み、それぞれ一定の時間で加工したい場合、被削材の厚さに応じてドリルの送り速度を変え、それに対応して回転数を変えて切削すればよい。このような場合の制御の対象はドリルの運動であり、その目的は一定の加工時間を保つことである。そのための操作はドリルの降下・移動における送り速度を変え、かつ回転数を増減させて目的とする加工時間を保つことである。前者はドリルに移動運動を与えたり停止させたりするだけが目的であり、これを定性的制御(qualitative control)という。一方、後者は送り速度や回転数をより正確に目標とする値に近づけるのが目的であり、定量的制御(quantitative control)という。この二つの制

御形態のうち，機械加工においては後者の定量的制御が求められることが多い。
図 4-17 に機械加工における最適化制御の一般的な概念を示す[1]。

定量的制御では，センサによって制御量と指令量(目標量)とを可能なかぎり一致させる必要があり，その機能は制御部(コンピュータが用いられることが多い)にて行われる。すなわち，制御量と指令量(目標量)を比較し，それらの誤差を減少させ一致させるように繰り返し修正の動作を行うのがフィードバック制御(feedback control)である。一致するかあるいはその誤差が最小値をとった段階で加工機械へ制御パラメータ(主として諸加工条件)の修正を指令することになる。

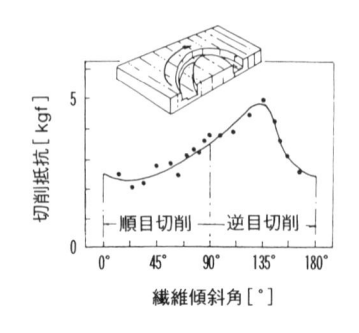

図 4-18 ルータ加工における繊維傾斜角との切削抵抗との関係[2]

3.2 最適化制御へのアプローチ

(1) 切削力を制御量とした場合

NCルータは木材の模様加工に多く使用されているが，被削材の逆目領域での切削が不良となり，後続工程における加工面の研磨作業に多大な労力と時間を費やすことになる。そこで切削中に繊維傾斜が変化しても，あらかじめ設定した切削面の表面粗さの許容基準が得られるような制御が望まれる。

繊維傾斜角(ϕ_1)の変化に伴う切削抵抗および表面粗さの挙動はともに $\phi_1=25°$ 付近で下限値を，$\phi_1=135°$ 付近で上限値となることから(図 4-18)，加工面粗さを一定の許容範囲内に収めるように，各繊維傾斜角に対する被削材の理想送り速度を求める。すなわち，ルータのテーブル上に付設された荷重計によって切削中の切削抵抗を刻々計測し，このセンサからの信号によって繊維傾斜角を判断することで，データベースからより適切な被削材の送り速度を検索して速度を増減させ，またこの速度から次の繊維傾斜角を判断し，速度の選択を図る方法が試みられている[2]。

(2) 変位を制御量とした場合

帯鋸による製材では，被削材から受ける送材方向の力や横方向の力などによって，絶えず帯鋸が送材方向の走行位置が変動したり，挽き材中に曲げられ

第3節　切削加工の最適化

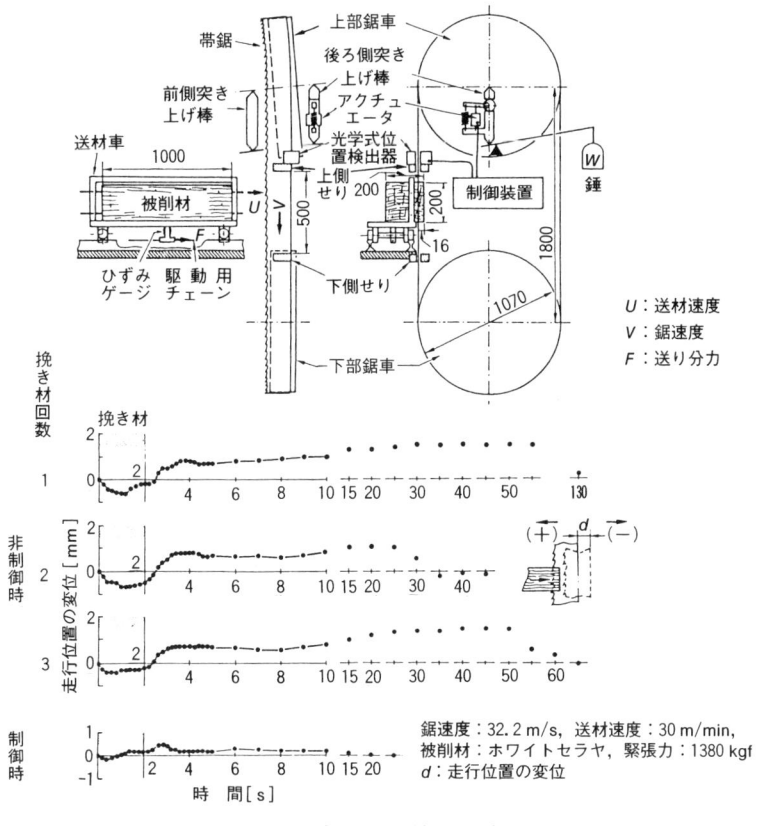

図 4-19　走行位置の制御効果[3]

たりねじれたりして変形し，挽き道が設定された直線からそれ，挽き曲がりや不良な挽き肌の原因となる。それに伴って加工能率や加工精度あるいは作業の安全性も低下し大きな障害となる。図 4-19 に示したように，上部せりの上方に付設した光学式位置検出器によって挽き材中の送材方向の，鋸の走行位置の変動を光学的に検出し，その量に応じてアクチュエータを用いて上部鋸車の傾斜角度を自動的に変化させることによって，鋸の走行位置の変動を低減させ，より安定化させるフィードバック制御が試みられている[3]。この制御によって，挽き材中の送材方向の力による鋸の後退のみならず，非制御時の挽き材毎に異なる不安定な走行位置の変動が低減でき，常にほぼ同位置で鋸を安定した状態

で走行させることが可能となる[4]。

(3) 形状を制御量とした場合

工具が高速度で回転する回転削り加工などにおいて、切削速度が増加すると、それに比例して単位時間当たりの切削仕事量が増大し、同時に工具の温度も上昇するため、刃先摩耗が急速に進行する。刃先が鈍化することによって、切削面に出現する毛羽立ちや目違いといった欠点も発生しやすくなる。

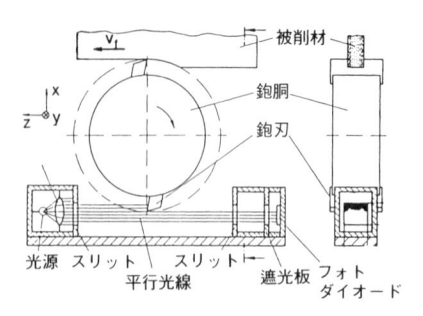

図 4-20 フライス加工における工具刃先摩耗の自動測定[5]

図 4-20 に示すように、光源から照射された光線をレンズによって平行光線にし、フライス工具の切削方向の反対側で刃先円に接するように投射する。平行光線の受光部にはフォトダイオードやイメージセンサなどを用いる。平行光線が刃先円直径に対して直角に、また刃先全体を照らすように光線と受光部を配置させることがポイントとなる。工具は1回転ごとに平行光線を部分的に遮断して通過し、受光部に影を投影する。光線が工具によって遮断された影の部分の面積が小さくなるほど工具の摩耗量が大きいことを意味し[5]、それに応じて主軸回転数や被削材の送り速度を加速・減速の制御すると、良好な切削面を得るとともに工具寿命の延命をも可能とする。

(4) 音を制御量とした場合

固体が変形したり破壊するときに、物体中にそれまで蓄えられていたひずみエネルギーが開放されて弾性波(音波)となって放出される現象は AE、すなわちアコースティック・エミッション (acoustic emission) と呼ばれ、放出される音源は超音波から可聴音の成分を含む。木材の機械加工においても応力集中部または亀裂部に負荷が作用し、亀裂が発生したり成長したりする場合に AE が生じる。AE を計測するには、発生した弾性波を圧電効果を利用した AE 変換子によって電気信号に変換し、カウンタや電圧計などによって AE 信号のパルス数や振幅などを記録したり処理したりする[6]。

木材の切削過程で発生する AE の信号振幅は、切込み量および切削速度の増加に伴って大きくなる。また切屑生成機構の違いによっても AE は敏感に変化

するので，これを利用すると切屑の生成状態を認識し，さらに加工面粗さをも推定できることが判明している[7,8]（図4-21）。

このようなAE特性を利用して，丸鋸による挽き材加工を制御することが可能である。図4-22のように，AE信号をマイクロフォンを通して測定し，あらかじめ求めてあるAE計数率と被削材の送り速度および挽き材面粗さとのそれぞれの関係を表す回帰式を基に，コンピュータを介して挽き材中に発生したAEから挽き材中の挽き材面粗さを刻々推定し，許容範囲内の挽き材面粗さが得られるように被削材の送り速度をリアルタイムで制御することが試みられている[9]。

AEのほかに，工具と被削材との接触などによって生ずる切

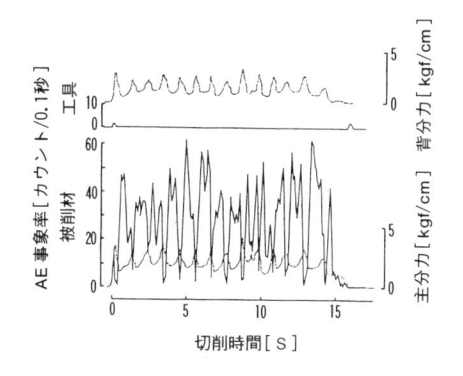

図4-21 気乾材の先割れを伴う流れ型切削におけるAE事象率と切削抵抗との関係[8]

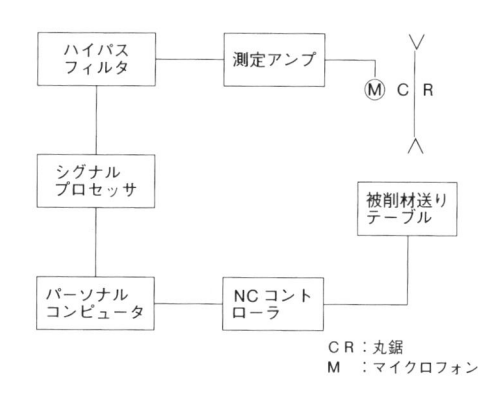

図4-22 丸鋸の最適化適応制御加工における制御回路ダイアグラム[9]

削音によっても加工過程の最適化制御は可能である。すなわち，熟練した作業者は加工機械の切削音の微妙な変化を聞き取ることによって，その経験則から機械の運転状態の変化を知り，工具の寿命，切削面性状の低下あるいは作業の危険を予知するといわれる。種々の基礎的実験から，丸鋸による挽き材加工において工具刃先の鈍化にしたがって切削音の音圧レベルは増大し，両者の間には高い相関性があることがわかった[10]。この結果を基に，工具近傍に付設したマイクロフォンで検出された切削音をFFTアナライザによって周波数分析し，あらかじめ構築した切削音特性と工具摩耗量および切削諸元に関するデータベー

スの中から，検出された切削音のスペクトル特性に合致する工具の摩耗状態を検索することができるので，切削音を制御量として切削過程を制御することも可能である。[11]

●引用文献

1) 本多庸悟："加工の無人化と適応制御"，機械技術，**18**(1)，10-11(1970)
2) 髙田秀樹ほか："木材の表面加工に関する研究(第1報)ルータ加工における適応制御切削技術"，木材学会誌，**33**(12)，934-940(1987)
3) N. Hattori *et al.*："Feedback control of the running position of a band saw with an actuator"，*Mokuzai Gakkaishi*, **28**(12), 783-787(1982)
4) Y. Fujii *et al.*："Sawing on a band-saw machine equipped with a controller for the band-saw running position"，*Mokuzai Gakkaishi*, **30**(2), 148-155(1984)
5) E. Saljé *et al.*："Proseßregelung für das Fräsen von Spanplatten. "Zerspanprozeß", Regelstrategie"，*HOB*, **5**(2), 560-562(1987)
6) 野口昌巳："木材加工と材質評価へのアコースティック・エミッションの適用"，木材学会誌，**37**(19)，1-8(1991)
7) 村瀬安英ほか："アコースティック・エミッションによる木材切削状態の監視(第3報)縦ならびに横切削のAE特性に及ぼす切削角の影響"，木材学会誌，**36**(4)，269-275(1990)
8) 定成政憲ほか："平削りにおける切り屑生成とアコースティック・エミッションとの関係"，木材学会誌，**37**(5)，424-433(1991)
9) 田中千秋ほか："丸のこの最適化適応制御加工/AE信号による最適化適応制御"，木材学会誌，**34**(9)，769-771(1988)
10) 喜多山繁ほか："丸のこの鈍化過程に関する研究(第1報)切削騒音と歯先摩耗との関係"，木材学会誌，**31**(10)，823-828(1985)
11) 喜多山繁ほか："丸のこ切削音の騒音解析"，木材工業，**47**(2)，65-69(1992)

第4節　切削加工と安全

4.1　木材加工機械による労働災害

(1) 労働災害の発生状況

どの程度労働災害が発生したかを示す労働災害率として，一般に度数率 (accident frequency rate) と強度率 (accident severity rate) が用いられている。度数率とは100万延実労働時間あたりの死傷者数により労働災害の頻度を表したものであり，強度率とは1000延実労働時間あたりの労働損失日数 (死傷者の延労働損失日数，障害を遺したときはその程度により換算日数を用い，死亡のときは7500日とする) により労働災害の重篤度を表している。

$$度数率 = \frac{労働災害の死傷者数}{延実労働時間数} \times 1000000 \qquad (4\text{-}1)$$

$$強度率 = \frac{延労働損失日数}{延実労働時間数} \times 1000 \qquad (4\text{-}2)$$

木材加工機械を使用する木材・木製品製造業は度数率，強度率とも全産業，全製造業と比較して高く，労働災害が頻繁に起きやすい災害発生率の高い業種であり，重大災害が発生しやすい傾向にある (表 4-3)。

図 4-23 に木材・木製品製造業における労働災害の発生状況の推移を示す。死亡者数は1975年の90人から減少してきているものの，ここ数年は10～20人前後で推移している。死傷者数 (休業4日以上) も減少傾向を示しているもの

表 4-3　労働災害率 (事業所規模 30～99人)

年次	全産業		製造業		木材・木製品製造業[1]	
	度数率	強度率	度数率	強度率	度数率	強度率
2000	3.52	0.23	3.81	0.30	8.20	0.67
2001	3.70	0.30	3.72	0.23	12.11	0.27
2002	3.51	0.38	3.56	0.45	6.92	2.56
2003	3.40	0.36	3.35	0.44	7.43	1.57
2004	3.89	0.18	4.11	0.18	7.13	0.22

資料：厚生労働省「労働災害動向調査」
1)：家具を含まない。

の，ここ数年の減少割合は低くなっており，2005年では2590人であった。木材・木製品製造業における労働災害の発生状況が減少傾向にあるとはいえ，まだまだ多く，木材加工の安全に対してなお一層の努力と施策が必要とされる。

(2) 労働災害の原因

労働災害は，単独の要因のみによって発生すること

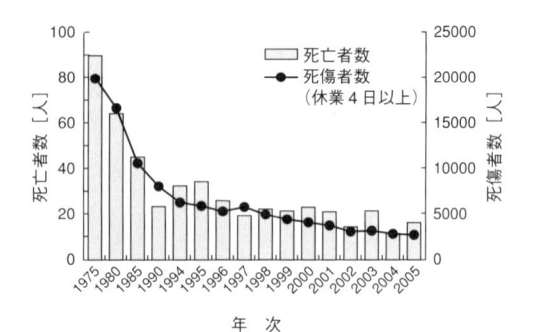

図4-23 木材・木製品製造業における災害発生状況の推移

資料：林業・木材製造業労働災害防止協会「林材業労働災害防止関係統計資料」
注：家具・装備品製造業を含む

は稀で，いくつかの要因が組み合わさって発生する。その発生メカニズムとして，①各要因がそれぞれ独立して組み合わされた集中型，②ある要因がもとになり次の要因が生まれさらに次の要因が生まれるように連鎖的に次々に要因が発展していく連鎖型，③集中型と連鎖型とが複合した複合型の3タイプがあるが(図4-24)，多くの労働災害は複合型で発生するといわれている。[1]

労働災害は，人の「不安全な行動」と物の「不安全な状態」(表4-4)の接触によ

表4-4 不安全な状態と不安全な行動の分類

不安全な状態	不安全な行動
・物自体の欠陥	・安全装置を無効にする
・防護措置の欠陥	・安全措置の不履行
・物の置き方，作業場所の欠陥	・不安全な放置
・防護具・服装等の欠陥	・危険な状態を作る
・作業環境の欠陥	・機械・装置等の指定外の使用
・部外的，自然的，不安全な状態	・運転中の機械・装置等の掃除，注油，修理，点検等
・作業方法の欠陥	・保護具，服装の欠陥
・その他および分類不能	・危険場所への接近
	・その他の不安全な行為
	・運転の失敗(乗物)
	・誤った動作
	・その他および分類不能

厚生労働省の分類方式

第4節 切削加工と安全

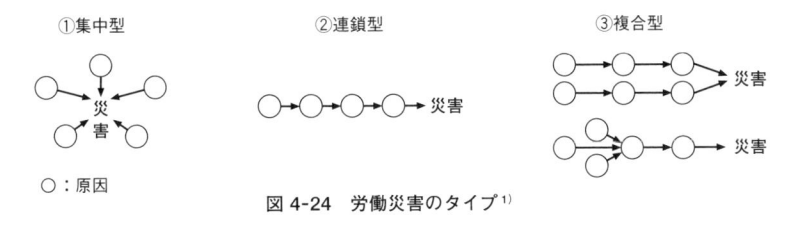

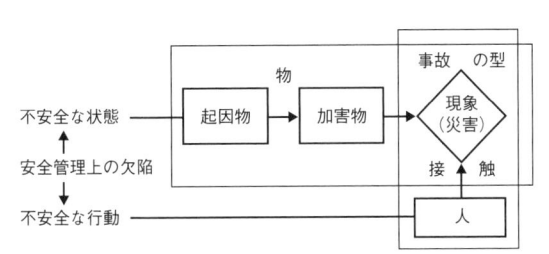

①集中型　　　②連鎖型　　　③複合型

○：原因

図 4-24　労働災害のタイプ[1]

図 4-25　労働災害発生の基本的モデル[1]

表 4-5　事故の型の例

墜落・転落	崩壊・倒壊	交通事故(道路)
転倒	激突され	交通事故(その他)
激突	はさまれ・巻き込まれ	動作の反動・無理な動作
飛来・落下	きれ・こすれ	その他

厚生労働省の分類方式のうち木材・木製品製造業において数の多い物を抜粋。

り発生し，その基本的モデルは **図 4-25** のように表される。このモデルは人が有害環境下に暴露されることによる災害にも当てはまる。厚生労働省による起因物の定義は，「起因物とは，災害をもたらすもととなった機械，装置もしくはその他のものまたは環境等をいう」となっている。災害をもたらした直接の物が加害物で，起因物と加害物が一致する場合とそうでない場合とがある。例えば，丸鋸盤で指を切った災害の起因物，加害物とも丸鋸盤であり，屋根から転落して地面で足の骨を折った災害の起因物は建築物で加害物は転落により激突した地面となる。事故の型は，人がどのように物と接触したかを示す現象のことで，厚生労働省は，「事故の型とは，傷病を受けるもととなった起因物が関係した現象をいう」と定義している。木材・木製品製造業において数の多い事故の型の例を **表 4-5** に示す。例えば，屋根から転落して地面で足の骨を折った災

害の事故の型は，起因物である建築物から転落したことによる負傷であるので，「墜落・転落」となる(地面に激突して負傷をしているが，この場合地面は加害物であっても起因物でないので，事故の型は「激突」とならない)。

図 4-26 は木材加工用機械別労働災害発生割合，すなわち木材加工機械が起因物となった労働災害での各機械による発生割合を示している。製造業，建設業とも丸鋸盤による災害の発生割合が高く，続いて鉋盤となっている。木材・木製品製造業における事故の型別死傷者割合を 図 4-27 に示す。「はさまれ・巻き込まれ」と「切れ・こすれ」がそれぞれ 3 割弱を占め，これらによる災害が多いことを示している。なお，木材加工機械による死亡災害が 2003 年に丸鋸盤 2 件，帯鋸盤 2 件の計 4 件発生し，丸鋸盤の 1 件が「激突され」で，残りの 3 件が「切れ・こすれ」であった。リッパなどの丸鋸盤での材料の作業者への激突は件数は多くないが，重大な災害となりやすい。

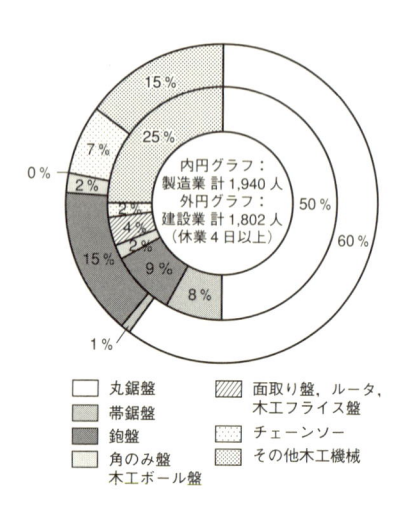

図 4-26　木材加工用機械別労働災害発生割合(2003 年)
資料：林業・木材製造業労働災害防止協会

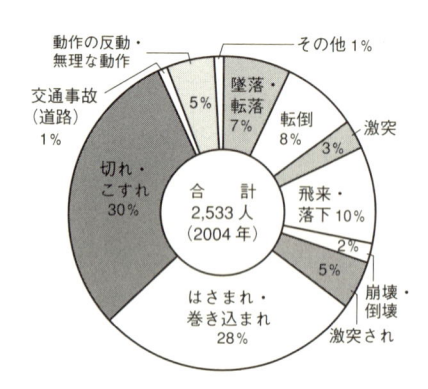

図 4-27　木材・木製品製造業における事故の型別死傷者数
資料：厚生労働省「労働災害動向調査」

木材加工機械が起因物となった労働災害の死傷者数(休業 4 日以上)において，約 45 ％ が「防護措置・安全装置の欠陥」であり，約 30 ％ が「作業方法の欠陥」となっている。防護措置・安全装置を正しく使用すること，正しい作業方法で作業をすることが災害防止の観点からも重要である。

4.2 木材加工機械の安全対策

(1) 機械設備の安全化

木材機械加工機械に限らず機械設備の安全化を図るには，その機械設備の本質安全化を図ることが必要となる。機械設備の本質安全化とは，機械設備の設計・製造段階において構造や部品の材質の適正化による基本的な安全の確保とともに安全装置等を内蔵・組み込むことにより，危険を排除し機械設備を安全にすることである。あらかじめ機械に安全装置等を内蔵・組み込むことは，後から取り付けた安全装置等のように機械の使用時にユーザが取り外すことができず，本質的な安全化が図られる。さらに，作業者が誤操作をしても災害に繋がらないようにするフール・プルーフ(fool proof)と機械が故障しても安全側に作動するようにするフェール・セーフ(fail safe)という考え方が必要とされる。

(2) フール・プルーフとフェール・セーフ

機械を操作するのは人間であり，気を付けていても誤操作をすることがある。間違って機械を誤操作した場合に安全に作業ができるようにしたり，正しい手順を踏まないと作業ができないようにする安全機構をフール・プルーフという。パネルソーでは，丸鋸への接触を防ぐため，丸鋸が走行する窓をすべて覆うカバー兼工作物押さえで工作物を固定しないと丸鋸起動スイッチが働かず，丸鋸の起動と移動が同一のスイッチにより操作され二つが一連の動作として働くようになっており，フール・プルーフが実践されている。

機械設備が異常や故障を起こしてしまう場合，それが安全側にしか発生しないようにする安全特性をフェール・セーフ特性もしくは非対称故障(誤り)特性という。つまり，機械がなんらかの異常か故障により作動しなくなった(fail)ときでも，危険がなく安全(safe)であるようになっていて，災害が起こらないように働く安全機構である。ほとんどの木材加工機械に装着されている急停止機構等の作動によって機械が停止したときや停電後に機械への通電が復帰したときに作業者が再起動操作を行わなければ機械を再び起動できないようにする再起動防止回路は，フェール・セーフの考え方に基づいている。

(3) 木材加工機械の安全装置

木材加工機械には種々の安全装置が装備されており，その例としては，①駆動部分等の防護措置としての帯鋸盤や搬送装置等の駆動用プーリ，ベルト，

チェーン等の覆い，②切削工具からの防護措置としての丸鋸盤や手押し鉋盤等の接触予防装置，③加工材の反ぱつを防護するための丸鋸盤等の反ぱつ防止装置，④動力遮断時の惰性回転を防ぐための丸鋸盤，鉋盤，ルータやボール盤等の制動装置，⑤騒音減少および切削工具からの防護措置を兼ねたモルダや自動鉋盤のカバー，⑥停止中の誤操作を防ぐための自動送材車付帯鋸盤の送材車操作ハンドルのロック装置などが挙げられる。

(4) 木材加工機械の安全基準

木材加工機械およびその附属装置・補助機械の安全対策に関する一般事項については，日本工業規格(JIS)の「B 6507 木材加工機械の安全通則」において規定されている。この規格では，木材加工機械の設計段階において考慮すべき安全構造の指針，設計段階で本質的な安全確保が困難な点について設ける安全装置，取扱説明書等について規定している。また，リッパおよびギャングリッパ，自動一面鉋盤，面取り盤，ルータ，テーブル帯鋸盤，自動ローラ帯鋸盤，送材車付き帯鋸盤，ベニヤレース，ホットプレスの構造の安全基準が JIS B 6600 から B 6609 にそれぞれ規定されている。

労働安全衛生について定めた「労働安全衛生法」(法律)，その対象範囲等を定

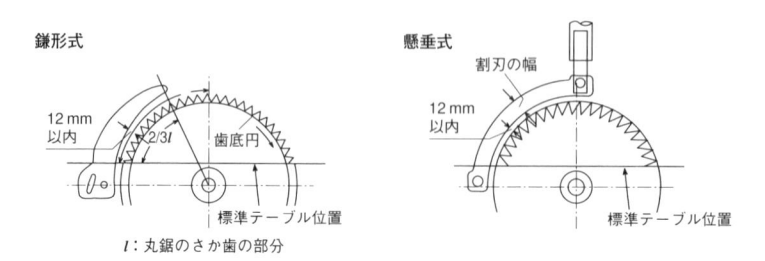

図 4-28 丸鋸盤の反ぱつ予防装置(割刃)[2]

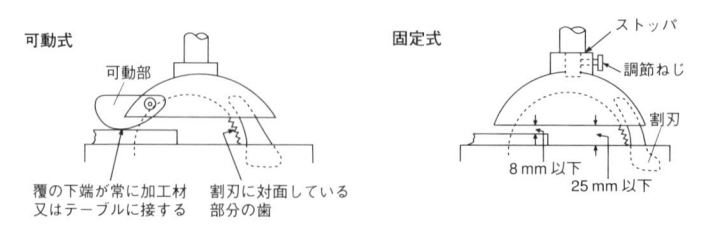

図 4-29 丸鋸盤の接触予防装置[2]

めた「労働安全衛生施行令」(政令)，その詳細な具体的実施事項を定めた「労働安全衛生規則」(厚生労働省令)では労働安全衛生上の観点から木材加工用機械についても安全基準が定められている。「労働安全衛生規則」において，丸のこ盤の反ぱつ予防装置，丸のこ盤の歯の接触予防装置，帯のこ盤の歯およびのこ車の覆い等，帯のこ盤の送りローラの覆い等，手押しかんな盤の刃の接触予防装置，面取り盤の刃の接触予防装置の設置を義務づけている。さらに，労働省告示により，「木材加工用丸のこ盤ならびにその反ぱつ予防装置及び歯の接触予防装置の構造規格」，「手押しかんな盤及びその刃の接触予防装置の構造規格」が定められている。丸鋸盤および鉋盤による労働災害の発生割合が高いことから(図 4-26 参照)，その安全装置について厚生労働省が詳細に規定している[2](図 4-28, 29)。

4.3 作業環境

(1) 騒　音

音の強さとは単位時間，単位面積あたりの音のエネルギーであり，その単位は W/m² である。音の強さの実効値が I (W/m²)であるとき，その音の強さのレベル(sound intensity level)L_I (dB)は次式で表される。

$$L_I = 10 \log_{10} \frac{I}{10^{-12}} \tag{4-3}$$

音の音圧の実効値が p (Pa)であるとき，その音圧レベル(sound pressure level)L_p(dB)は人間の最小可聴音圧(20 μPa)を基準として次式で表される。

$$L_p = 20 \log_{10} \frac{I}{2 \times 10^{-5}} \tag{4-4}$$

人間が聞いて望ましくない音の総称が騒音で，その大きさを表すのが騒音レベルである。人間の可聴周波数は 20 Hz～15 kHz 前後であるが，とくに 2～4 kHz の周波数に敏感であり，同じ強さの音でも周波数により感じる大きさが異なるという周波数特性を持っている。この特性を示すのが等ラウドネス曲線であり，40 dB，1 kHz の音を基準とした等ラウドネス曲線を用いて補正した音圧レベルを A 特性音圧レベル(A 特性サウンドレベル)(A-weighted sound pressure level)，または騒音レベルといい，L_A(または L_{pA})で表す。

騒音が定常的か非定常的かにより，騒音レベルによる騒音の評価法が異な

表 4-6 騒音レベル(A 特性音圧レベル)による許容基準[3]

一日の曝露時間 時間―分	許容騒音レベル(dB)	一日の曝露時間 時間―分	許容騒音レベル(dB)
24 − 00	80	2 − 00	91
20 − 09	81	1 − 35	92
16 − 00	82	1 − 15	93
12 − 41	83	1 − 00	94
10 − 04	84	0 − 47	95
8 − 00	85	0 − 37	96
6 − 20	86	0 − 30	97
5 − 02	87	0 − 23	98
4 − 00	88	0 − 18	99
3 − 10	89	0 − 15	100
2 − 30	90		

る。定常騒音であれば騒音計の指示値で評価し，変動しても最大値がほぼ一定であれば最大値の平均値で評価してもよい。非定常の騒音は，当該時間のエネルギーの平均である等価騒音レベル(時間平均サウンドレベル，等価サウンドレベル；time-average sound level, equivalent continuous sound level) L_{Aeq} で表される。木材加工機械の等価騒音レベルは，機械によって異なるが，85〜105 dB 程度である。環境基本法に基づいて定められた騒音の環境基準は 1999 年より等価騒音レベルにより評価されてる。

長期間大きな騒音に暴露されると，聴力障害など，生理的，肉体的な連衡障害が生じる。日本産業衛生学会では，作業者の騒音による聴力障害を予防するための手引きとして，騒音の許容基準(表 4-6)を勧告している[3]。なお，騒音規制法により，ドラムバーカ，チッパ(定格出力が 2.25 kW 以上のもの)，砕木機，帯鋸盤(製材用のものにあっては定格出力が 15 kW 以上のもの，木工用のものにあっては定格出力が 2.25 kW 以上のもの)，丸鋸盤(製材用のものにあっては定格出力が 15 kW 以上のもの，木工用のものにあっては定格出力が 2.25 kW 以上のもの)，鉋盤(定格出力が 2.25 kW 以上のもの)が特定施設として規制対象となっている。

(2) 粉　塵

木材，木質材料の切削加工により発生する粉塵は，喘息，刺激性皮膚炎やアレルギー性皮膚炎などの健康障害の原因となることがある。粉塵は，その粒径が 11 μm 以下で鼻腔に，7.0 μm 以下で咽喉に，4.7 μm 以下で気管に，3.3 μm

第4節　切削加工と安全

以下で気管支に，1.1 μm 以下で肺胞にそれぞれ達すると考えられている。日本産業衛生学会は，第2種粉塵(木粉や石炭など)の許容濃度を，総粉塵で 4.0 mg/m^3，粒子径 7.07 μm 以下の吸入性粉塵で 1.0 mg/m^3 と勧告している。[3]

浮遊粉塵は，一定容積の空気中に浮遊する粉塵粒子の個数を示す粒子数濃度(個/cm^3)，一定容積の空気中に浮遊する粉塵の質量を示す質量濃度(mg/cm^3)，質量濃度と一定の相対関係にある物理量の指数で表す相対濃度により評価される。その測定方法には，空気中の粉塵の濃度を浮遊状態で測定する浮遊測定方法と空気中に浮遊する粉塵を捕集して濃度を測定する捕集方法とがある。[4]

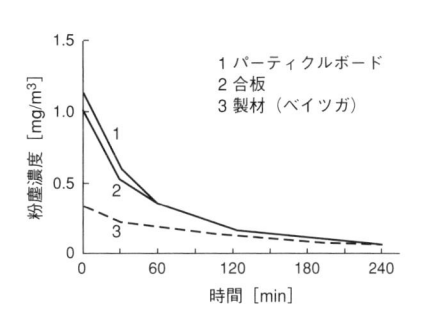

図 4-30　丸鋸切削時に発生する粉塵濃度の時間変化[5]

丸鋸切削による浮遊粉塵の初期濃度は，パーティクルボードや合板を切削した場合，素材を切削した場合と比べて高くなる[5] (図 4-30)。木材をベルト研削した時に発生する総粉塵濃度は研磨材粒度，研削圧力，研削方向に影響を受け，吸入性粉塵濃度は主に研削圧力の影響を受ける。[6]

●引用文献

1) 大関　親：“新しい時代の安全管理のすべて”，中央労働災害防止協会，269-278 (2002)
2) 林業・木材製造業労働災害防止協会：“木材加工用機械作業の安全”，林業・木材製造業労働災害防止協会，47-51(2006)
3) 日本衛生学会：“許容濃度等の勧告(2004 年度)”，産業衛生学雑誌，**46**，124-148(2004)
4) 藤井義久：“木材の科学と利用技術Ⅳ”，日本木材学会編，日本木材学会，pp. Ⅲ-10-Ⅲ-27(1996)
5) 池際博行ほか：“丸のこ切削による浮遊粉塵濃度”，和歌山大学教育学部紀要自然科学，**36**，63-67(1987)
6) 趙　川ほか：“木材のベルト研削で発生する総粉塵と吸入正粉塵の濃度”，木材工業，**55**(9)，405-408(2000)

✥ 一口メモ ✥
ドリルドライバとインパクトドライバ

　木によるものづくりにおける部品と部品の接合では，くぎ接合が採用されることが多い。しかし，接合強度をさらに高めたい場合には木ねじやコーススレッドを用いるねじ接合が採用される。ねじ接合では，ねじを回すためのドライバが必要になる。ドライバとして，電動工具のドリルドライバやインパクトドライバが近年広く使われるようになってきた。ドリルドライバは穴あけ専用の電動ドリルが進化したものであり，キーレスチャックに取り付けたドライバビットでねじ込みを行うが，クラッチ目盛によってトルク調整ができる機構になっており，回転トルクが設定したクラッチトルクに達するとクラッチが外れ，木ねじのねじ込み過ぎや木ねじ頭部の溝を潰すことを防ぐ。クラッチトルクのレンジは数段階に設定することができるが，その段数は機種によって異なる。一方，インパクトドライバはビットチャックに取り付けたドライバビットでねじ込みを行うが，ねじ込み中に出力軸に一定の負荷がかかると，打撃作用がドライバの回転方向に作動して，さらに強くねじ込むことができる。なお，ドリルドライバとインパクトドライバともに，スイッチの引き加減によって回転数を調整する機構になっているのがほとんどであり，さらに高速と低速の二段変速型のタイプもある。電源は充電式バッテリを用いたコードレス式タイプのものが多く見られる。

インパクトドライバ
(写真提供：日立工機社)

索 引

(50音順)

記号・A～Z

0-90 切削／12
90-0 切削／12
90-90 切削／12
AE／147, 162
CAD (computer-aided design)／148　一般に「キャド」と呼ばれ，コンピュータ支援設計である。すなわち，コンピュータの計算能力，記憶能力，解析能力を利用して，図形生成，修正，編集によりデータベースを作成し，それに基づいて解析やNCデータ作成などを行うものである。
CAD/CAM システム／149
CAD/CAM プレカットシステム／154
CAM (computer-aided manufacturing)／148　一般に「キャム」と呼ばれ，コンピュータ支援製造である。CADが設計情報を取り扱っているのに対し，CAMはCADデータを基にして，加工情報(加工形状の認識・分類・条件)を取り扱う。CAD/CAMは一体化して用いられることが多い。
CBN ホイール／79
CO_2 レーザ／136
CO_2 レーザ加工機／134　CO_2 レーザに，レーザビームを工作物の照射面までうまく導いて集光する反射鏡や集光レンズで構成される加工ヘッドと，工作物を加工の仕方に応じて適宜移動させる加工テーブルを組み合わせた加工機械。
CT法／144　コンピュータ断層撮影法 (Computed Tomography の略)。X線などを物体に走査しながら照射し，透過量データをコンピュータ処理して物体の内部密度分布などの断層画像を構成する技術のこと。断層画像を連続的に処理して3次元的な内部画像を得ることもある。医療用機器として発達したが，工業用の非破壊検査技術としても用いられる。
LVL／129　繊維方向が平行となるよう単板を貼り合わせて作る木質材料で，軸材料として用いられる。単板の縦継ぎ部や節などの欠点が分散あるいは除去されるため，製材に比べて強度性能のばらつきが小さくなる。
NC加工機／152
NCルータ／106　ルータと基本構造は同じであるが，主軸や，材料を固定するテーブルの移動がコンピュータによりコントロール(数値制御)される。あらかじめ打ち込まれたプログラムに従って必要な直線加工や曲線加工が自動でなされる。

ア　行

アクアジェット加工／138
アコースティック・エミッション／162
あさり／81
圧縮応力／16
圧縮剪断応力／16
圧縮力／16
圧電素子法／39
アドレス (NCプログラムの)／149
穴あけ旋盤／112
アナログ制御／148
アブレシブ摩耗／48
安全基準／170

一軸面取り盤／105

ウォータジェット／138　加圧した水を直径0.1mm程度のノズルから連続あるいはパルス状にマッハ2程度までの速さで噴出させることあるいは，このエネルギーで除去加工を行なう機械。任意の場所で加工を開始・終了できるが，異方性材料では直線的な加工が困難なことや工作物を濡らすといった欠点がある。

裏金／89
裏刃各要素の名称／98
裏刃の諸要素／98
裏刃方式(スライサの)／131
裏割れ／133
上向き切削／93　フライス切削で，刃先の回転方向(切削方向)と工作物の送り方向が反対方向の場合を上向き切削。回転かんな加工は一般に上向き切削である。
上向き切削の範囲／96

円板鉋用工具／93

横架材加工ライン／155
送り系／72
送り分力／111
音を制御量とした場合(最適化制御で)／162
帯鋸の横変形／87
帯鋸盤／82
表刃方式(スライサ)／131
折れ型(切屑の)／23

カ 行

外周削り／93
回転鉋各部の名称／96
回転鉋の刃先の諸要素／98
回転削り／14
回転削り加工／93　円筒の外周面あるいは端面に切れ刃をもつ工具を高速で回転させて，加工材を送り込んで切削する加工法の総称。
替刃(替刃式平鉋の)／91
化学的摩耗／49
角のみ盤／114　工作物にほぞ穴などの角穴の加工を行う機械。ビットによる丸穴の加工と角筒形の角のみ(箱形のみ)の押切りによって角穴の加工を行う。切屑は角のみの側面(4面のうち1面のみ)にある長方形の窓から排出される。
加工穴の形状(穿孔加工の)／117
加工穴のバリ／117
加工誤差の原理／151
加工精度／65　加工後の寸法が指定された寸法からずれる大きさを意味する寸法の精度と加工後の形状が指定された形状からずれる大きさを意味する寸法の精度がある。

加工精度に影響を及ぼす要因／65
加工精度への影響(工具系)／66
加工精度への影響(工作機械系)／65
加工精度への影響(工作物系)／65
加工方式／90
加工面粗さ／59,111　材料表面に存在する微小な凹凸の程度。加工に用いた工具の形状や切削条件・切削方法，工具の振動や変形，材料固有の組織構造によってその大きさが決まる。
加工面粗さと光沢／59
型削り加工／104
カッタ旋盤／113
慣性モーメント(カッタブロックの)／102
鉋境／56
鉋盤／93
鉋焼け／55

機械および工具(型削り加工の)／104
機械加工／9
幾何偏差／67　加工後の形状が指定された形状からずれる大きさを幾何偏差と呼び，加工した工作物の形状の精度に関して許容できる範囲を意味する。
危険速度／88
ギャングリッパ／85
強制循環給油方式／106
凝着摩耗／48
強度率(労働災害の)／165
鏡面光沢度／62
切屑／9,22　希望する形状と寸法の材料を得るために，あるいは適切に表面仕上げを行うために，被削材から切削用工具や砥粒を用いて不要部分を除去する際に生成する屑。切屑を新たな製品に利用することは，木材利用の重要な特徴。
切屑厚さ／11
切屑の型／27
切込み量／10,43,51,98　二次元切削では被削材表面と刃先進行線との距離であり，回転削りでは切屑厚さをさす。
切込み量(回転削りにおける)／98
切込み量と切削抵抗／43
切込み量と比切削抵抗／44
切れ刃／10

索　引

切れ刃の自生作用／125

クランク式スライサ／131
クロスカットソー／84

傾斜切削／41
形状を制御量とした場合(最適化制御で)／162
毛羽立ち／57　切削面に削り残された繊維または繊維束が綿毛状(wooly grain)，あるいは，ささくれ状(fuzzy grain)に浮き出た状態のこと．工具の刃先が摩耗したときによく発生する．
研削／10
研削加工／120　研磨布紙あるいは砥石などの表面に配列された多数の砥粒切れ刃によって，工作物の表面から微小な切り屑を削り取って，工作物を所要の寸法，形状および仕上げ面品質の良い製品に仕上げる加工法．
研削機械／120, 121
研削工具／120
研削工具の寿命／127
研削性能／126
研削速度／126
研削抵抗(砥粒に作用する)／124
研削能率／126
研削方式／121
研削面(ミズナラ)／62
研削面の粗さ／126
研削面の良否／126
研削量／126
現代制御理論／148
研磨布紙／10, 120　布，紙などの可撓性(柔軟性)のある材料(基材)の表面上に整粒した研磨材を接着剤で固定支持した研磨工具の総称．これには，研磨布，研磨紙，研磨ベルト，研磨ディスクなどがある．
研磨布紙の構造／121
研磨布紙の種類／120
研磨ベルト速度／126

高圧水流加工／137
高含水率木材／49
合金工具鋼／74
工具／9
工具温度／31

工具温度に影響を及ぼす因子／34
工具温度の測定／32
工具鋼／74
工具材種／50
工具寿命／47, 52
工具の温度上昇機構／31
工具の摩耗機構／48
工具―被削材熱電対法／32
工具摩耗(穿孔加工の)／116
工具摩耗と工具条件／50
工具摩耗と切削条件／51
工具摩耗と被削材条件／49
工作機械／9, 69
工作精度／67　工作精度には，木材や木質材料を加工する場合，あらかじめ設定された所定の寸法どおりに正確に仕上げる寸法の精度(寸法偏差)と加工した工作物の形状に関して許容できる寸法の精度(幾何偏差)がある．
工作物／9
後進波／88
高速度工具鋼／74
光沢(加工面の)／62　物体(主として表面)の光の反射に関する光学的および視覚的な特性．光沢の程度は正反射成分の大小や反射光の指向性の鋭さなどによって決まる．
合板／129
高比重木材／50
木口切削／12
腰入れ／85
コーティング工具／76
古典制御理論／148
コンタクトホイール方式／121

サ　行

再研磨／77
最大切込み量／99
最適化(切削加工の)／158
最適化制御／160　制御対象のパラメータやそこに加わる外乱の特性の間を，一定の規準に従って最も適応した状態に保つようにする制御．
最適化制御(切削加工の)／158
最適化のプロセス／158
最適木取り／144
逆目切削／12

索 引

逆目ぼれ／56, 90　逆目部分における切削面が、塊状に大きく堀り取られた場合(torn grain)、または、繊維束が小さく掘り取られた場合(chipped grain)にできる凹み跡のこと。
作業環境／171
ザケンベルグ(Sachenberg)の解法／98
サーモグラフィ装置／33
三次元切削／11, 41　二次元切削に該当しない切削方式の総称で、実際の切削加工のほとんどはこれに属する。切れ刃が切削方向に垂直でない、切れ刃が複数などが典型例。
サンダ／120

仕上げ鉋盤／89
仕上げ鉋盤の構造／89
直刃式回転鉋用工具／93
シーケンス制御／148
歯喉(しこう)／80
歯喉角／81
事故の型(労働災害の)／167
歯室(ししつ)／81
自生発刃／125
下端(したば)／89
下向き切削／94　フライス切削で、刃先の回転方向(切削方向)と工作物の送り方向が同方向の場合を下向き切削。正面フライス加工では、切込み中の前半が上向き切削、後半が下向き切削になる。
下向き切削の範囲／96
歯端(したん)／81
歯端線／81
歯底(してい)／81
自動一面鉋盤／93
自動四面鉋盤／93
自動制御／148
自動制御加工機械／152　制御とは「ある目的に適合するように、対象となるものに所要の操作を加えること」と定義されており、これを無生物の制御装置(検出・比較・判断・操作を順次繰り返して行う)で行うことを自動制御といい、この機能が付与されている加工機械を自動制御加工機械という。具体的には、NCルータやプレカット加工機などをいう。
自動制御の分類と種類／148

自動製材／144
自動ならい旋盤／113
自動二面鉋盤／93
自動丸棒削り盤／113
歯背(しはい)／80
四方鎌継手形状／157
集中応力／16
主軸系／72
手動鉋刃研削盤／78
主分力／110
正味所要動力／86
正味動力／111
正面削り／93
正面旋盤／112
正面フライス各部の名称／97
正面フライス用工具／93
所要動力／85
シリカ含有木材／49
振動／87
振動切削／139　工具を前後方向、左右方向あるいは上下方向に振動させて行う切削。切削抵抗の軽減や切削面粗さの減少が期待できる場合がある。機械的な加振方式では低周波振動切削が、電気的な加振方式では低周波から高周波までの振動切削が行われる。
振動切削加工／139

垂直すくい角／42
数値制御ルータ／106
スキャニング／143
すくい角／10, 81
すくい角(真の)／97
すくい面／10
図式解法／98
ステライト／74
ストレスグレーディングマシン／145
スナイプ／55
スパイラルルータビット／107
スピンドル／131
スライサ／131　化粧用の単板であるスライスド単板を製造する機械。刃物またはフリッチを往復運動させて単板を切削する。
スライサの種類／131
スライスド単板／129
スラスト／111

寸法精度／86
寸法偏差／67　加工後の寸法が指定された寸法からずれる大きさを寸法偏差と呼び，材料の性質や加工した部品の用途に合わせて許容できる寸法の範囲を意味する。

制御装置／148
制御装置（プレカット加工機の）／152
切削／9
切削応力／16
切削音／147
切削温度／30
切削角／10, 40
切削角と切削抵抗／41
切削機構（穿孔加工の）／115
切削仕事／20
切削所要動力／101, 108　機械の空転動力と工作物の送りに要する動力を除いた切削に要した動力。主軸モータや送り軸モータの電流を測定することによって，比較的簡単に加工動力や加工力の概算値を知ることができる。
切削性能／90, 101, 109
切削性能（穿孔加工の）／115
切削速度／14, 45, 51
切削速度と切削抵抗／45
切削断面積／102
切削抵抗／12, 37, 85, 101, 109　切削過程において工具が被削材から受ける抵抗をさす。切削抵抗の構成要素として，(1)変形抵抗 (2)分離抵抗 (3)摩擦抵抗 (4)排出抵抗を挙げることができる。
切削抵抗（穿孔加工の）／115
切削抵抗と供試樹種／39
切削抵抗と工具条件／40
切削抵抗と切削条件／43
切削抵抗と被削材条件／39
切削抵抗の構成要素／37
切削抵抗の測定／38
切削抵抗の分力／38
切削抵抗の方向／111
切削熱／30
切削方向／17, 44
切削方式／94
切削面性状／54
切削面の欠点／54

切削力／11, 16, 17　工具から工作物に負荷される力を切削力という。工具の進行方向，切削面の法線方向，ならびに両者に直交する方向に切削力を分解した場合，それぞれを主分力（水平分力），背分力（垂直分力），横分力と呼ぶ。
接着不良／145
繊維傾斜角／12, 102
繊維傾斜角（加工面での）／97
繊維傾斜角（真の）／97
繊維傾斜角と切削抵抗／44
穿孔加工／114
旋削／109
旋削加工／109
旋削機械／112
旋削の種類／109
旋削用工具／109
前進波／88
剪断応力／16
先端形状（ビットとドリルの）／115
旋盤／109

騒音／171
騒音規制法／172　「事業活動並びに建設工事に伴って発生する相当範囲にわたる騒音について必要な規制を行なうとともに，自動車騒音に係る許容限度を定めること等により，生活環境を保全し，国民の健康の保護に資すること」を目的として制定された法律（昭和43年法律第98号，最終改正 平成17年法律第33号）。
騒音の環境基準／172　環境基本法の規定に基づく，騒音に係る環境上の条件について生活環境を保全し，人の健康の保護に資する上で維持されることが望ましい基準についての環境省の告示（平成10年9月30日環告64，最終改正 平成17年5月26日環告45）。相当数の住居と併せて商業，工業等の用に供される地域では，昼間60 dB以下，夜間50 dBと定められている。
騒音の許容基準／172
騒音レベルによる許容基準／172
走行位置の制御効果／160
速度すくい角／42
損傷／47

索 引

ソーン単板／130

タ 行

ダイヤモンド焼結体／76
ダイヤモンドホイール／78
卓上ボール盤／114
多軸ほぞ取り盤／107
縦切削／12, 20
縦突きスライサ／131
縦挽き／81
ダブテール／107
ダブテールビット／107
ダブルスピンドル方式／131
ダブルソー／85
たわみ振動／88
単一砥粒の切削作用／123
単軸面取り盤／105　部材側面の局面削り，曲線削りやみぞ突き作業を行う機械。主にいすの脚やテーブル縁辺部の面取り加工を行う。刃物の取り付け軸が単軸で，通常は主軸は上面から見て反時計回りに回転する構造である。
弾性変形法／39
単双曲回転面／100
炭素工具鋼／74
単板／129
単板積層材／129
単板切削／129
単板の種類／129
断面曲線／61

縮み型(切屑の)／24
チッピング／48　刃先に生じる微細な欠けをいう。
チップマーク／56
超硬合金／74
超硬合金刃物研削盤／78
超砥粒ホイール／79

ツイン帯鋸盤／83
突き板／129
継手仕口の加工／155
ツースマーク／86

低圧ウオータジェット／138

定在波／88
手押し鉋盤／93
手鉋／89
適応制御／158　制御対象のパラメータやそこに加わる外乱の特性が変化してもそれらを自動的に検知し，それらに追随して本来そのシステムに化せられている目的を達成する過程を，迅速に達成するようにする制御。
デジタル制御／148
テーラー(Taylor)の寿命方程式／52
電気化学的摩耗／49

統合生産管理システム／149
研ぎ角／81
特殊加工／134
度数率(労働災害の)／165
トリミングソー／84
砥粒の切込み量／123
砥粒の研削作用／122
砥粒の研削状態／125
トロコイド／94

ナ 行

ナイフマーク／55, 95, 100　回転削り方式の切削加工機械では，鉋胴に取り付けられた複数の工具が回転運動するため，1刃ごとの切削に対応する波状の凹凸が切削面に形成される。この波状の凹凸のこと。
ナイフマークの幅／99
ナイフマークの深さ／99
流れ型(切屑の)／22
ならい旋盤／113
順目切削／12, 97　切削方向を含み，切削面に垂直な面において繊維傾斜角が鋭角な場合の切削。逆目ぼれの加工欠点が起こらない。

逃げ角／10, 81
逃げ角と切削抵抗／41
逃げ面／10
二次元切削／11, 16　切削加工は一般的には三次元的現象であるが，とくに，切削方向に対して刃先線が直交し，横分力が発生しない場合を二次元切削という。
2分力動力計／38
ニューラルネットワーク／147

抜型／136

ねじり振動／88
熱座屈／85
年輪接触角／12

鋸機械／82
鋸屑／80
鋸歯の基本要素／80
鋸歯の寿命／86
鋸歯の切削作用／80
鋸挽き／14
ノーズバー／133

ハ 行

バイアス角／41　切削面で直線の切れ刃が切削方向に垂直な線となす角度で，適切に設定すると切削抵抗の低減，仕上げ面の改善などをもたらす。
バイアス角と切削抵抗／43
背分力／111
刃先運動／93
歯先角／81
刃先角／10, 51
刃先損耗の経過／47
刃先損耗の形態／47
ばち型あさり／81
パネルソー／84
刃の欠け跡／55
ハーフラウンド単板／130
刃物角／10
半径すくい角／108

挽き材加工／80
挽き材形式／81
挽き材性能／85
挽き肌／86　鋸断された材料面の性状を指し，その良否は鋸機械，材料，鋸断条件等によって影響される。規則的なツースマークが現れたり，摩耗した鋸による鋸断面には毛羽が立ちやすいので鋸断状況を推定する指標になる。
挽き曲がり／86　鋸機械，材料，鋸断条件等の原因によって，鋸断される面は，空転時の鋸位置から推定される鋸断面からずれることがあり，そのずれ幅を指す場合と，鋸断中の鋸の横方向への変形量を指す場合がある。
被削材中の応力分布／19
被削材の温度／40
被削材の含水率／40
ひずみゲージ法／39
ピッチング／73
ビット（角穴加工用の）／115
ヒートテンション／85
びびりマーク／55
平鉋／89
平鉋の構造／89
平削り加工／89
ヒーリング／100

ファジィ制御／148
ファジィ推論／147　機械やシステムの制御，情報理解や意思決定に用いられる推論手法の一つ。対象がもつあいまいな状態を数量化する手法をもとに，真と偽のみで規定される2値論理を一般化した多値論理（ファジィ論理）を用いてあいまいさを許した状態で適切な制御や意思決定を行う手法。
フィードバック制御／148
フィードフォワード制御／148
複合型（切屑の）／26
腐食作用による摩耗／49
腐食摩耗／15
縁取り研削／98
普通旋盤／112
浮遊粉塵／173
フライス切削／93　円筒の外周面あるいは端面に切れ刃をもつ工具を高速で回転させて，加工材を送り込んで切削する。
プラテン方式／121
フリッチの取り付け／130
フリーベルト方式／121
プレカット／153　木造軸組構法に用いられる横架材や柱材には，接合部が設けられるが，この接合部を構成している継手・仕口の加工を回転工具などであらかじめ加工することをプレカットという。この加工機械をプレカット加工機，これを加工する工場をプレカット工場，この軸組で建設する方式をプレカット工法という。

プレカット加工システム／153
プレッシャーバー／132
プロセス制御の時定数／151
プロフィールサンダ／122
粉塵／172　切削，研削，粉砕などの加工において生じた切り屑などのうち，一般に150μm以下の微小な固体粒子のこと。

平均切込み量／99
平均切削抵抗／101
平面加工／93
平面加工用工具／93
ベッド／72
ベニヤ／129
ベニヤナイフ／132
ベニヤレース／129　ロータリーレースとも呼ばれ，回転する丸太に向かって回転軸に平行に置いた刃物を送り込み，一定の厚さの単板を連続して切削する合板製造機械。
ベニヤレースの機構／130
ベベル角／81
ヘリカル式回転鉋用工具／93
ベルト研削／121, 124, 173　研磨布紙ベルトを駆動輪と従動輪の外周上を回転走行させ，これに工作物の形状に適した接触方式で研削する加工法。その方式には，研磨ベルトと工作物の接触状態により，コンタクトホィール，プラテンおよびフリーベルトの3方式がある。
変角光沢曲線(ヒノキ柾目面の)／62
変形状態(丸鋸，帯鋸)／87

放射温度計／33
ほぞ取り盤／107
ボール盤／114　工作物をテーブル上に固定して，工具(ビットあるいはドリル)を回転させながら送りを与え，丸穴の加工を行う機械である。木工ボール盤，木工多軸ボール盤などがある。

マ　行

マイクロ波／145
前削り旋盤／112
曲げ応力／16
摩擦／16

摩擦角／17
摩耗／47
丸鋸盤／83

見かけの摩擦係数／17
ミクロトーム切削面／61
耳立ち／56

むしれ型(切屑の)／26

女木／149
目こぼれ／125
目違い／58
目つぶれ／125
目づまり／125　研磨工具による研削加工中に，生成される切り屑が砥粒と砥粒の間隙(チップポケット)につまり，正常な研削が行われなくなる状態。この状態で研削すると，研削温度の上昇に伴う工作物の表面品質の劣化などを生じる。
目離れ／58
目ぼれ／58

目的関数／158
木理斜交角／12
木工旋盤の構造／112
木工刃物／73
木工フライス盤／107
木工面取り盤／105
木工用バイト／109
木工用バイトの種類／111
モルダ／104　板材又は角材の上下左右の面(四面)を正確に寸法決めし，その表面をかんな削りする機械。同時に様々な断面形状の刃物を取り付けることにより，多様な断面形状加工が可能である。
モルダ用刃物／104

ヤ　行

油圧モータ式スライサ／131
有効すくい角／42

ヨーイング／73
横型および縦型スライサ／131
横型クランク式スライサ／131

索　引

横切盤／84
横すくい角／41, 81
横切削／12
横倒れ座屈／87
横挽き／82
横分力／111

ラ　行

ランニングソー／84

リッパ／85
リード角／81
臨界応力拡大係数／20
臨界切削角／11
臨界切削速度／139

ルータ／105　穴あけ，座ぐり，内外周の面削り，彫刻などの加工に適した汎用機械。直線定規を使った直線加工やテーブル中央の穴から突き出したセンターピンにならい型のジグを当てて行う曲線加工が出来る。材料やジグは手動で送る構造である。
ルータビット／106

レーザ／134　レーザ媒質を所定量入れた母体材料と媒質にエネルギーを与える励起装置，誘導放出光を母体材料中で往復させて共振状態を作るための反射鏡，冷却装置で構成される光増幅装置。透過率が少しある出力鏡から取り出した光をレーザ光またはレーザビームという。
レーザインサイジング／136　レーザによりピンホールを木材の側面から所定間隔であけ，仮想的な木口面を材の長手方向の随所に設ける前処理法。木材への吸収率が高いCO_2レーザでは直径2 mm以下で深さ120 mm程度までの穴があけられる。
レーザ加工／134　レーザからの光束を特殊なレンズや鏡で集光し，対象物の除去や改質を行う行為。工作物に機械的な力が加わらず，ビーム照射部のみ加工され，透明体を通しての加工が行えるなどの特徴がある。
レーザ加工機／135
レーザビーム／135
レース／109

労働安全衛生規則／171　労働安全衛生法および労働安全衛生法施行令の規定に基づき，同法を実施するために厚生労働大臣が発令した厚生労働省の省令(昭和47年労働省令第32号，最終改正 平成19年厚生労働省令第47号)。
労働安全衛生施行令／171　労働安全衛生法を実施するために，同法の規定に基づき，その実施方法やその委任する事項について制定した政令(昭和47年政令第318号，最終改正 平成18年政令第331号)。
労働安全衛生法／170　「職場における労働者の安全と健康を確保するとともに，快適な職場環境の形成を促進すること」を目的として制定された法律(昭和47年法律第57号，最終改正 平成18年法律第50号)。
労働災害／165
労働災害の原因／166
労働災害のタイプ／167
労働災害発生の基本的モデル／167
労働災害率／165
ロータリー単板／129
ローラバー／133
ローリング／73
ロール状凹痕／55
ロールテンション／85

ワ　行

ワイドベルトサンダ／122　回転する2本以上のドラムプーリに掛けた幅広の研磨布紙ベルトによって，自動送りされる広い加工面を有する工作物の表面を研削するサンダ。2組以上組み合わせたものもある。
ワットメータ法／39

付　録

1. 木材の切削加工に関連するJIS

　日本工業規格(JIS, http://www.jisc.go.jp)は，工業標準化法に基づいて，日本工業標準調査会で調査・審議され，政府によって制定されるわが国の国家規格である。鉱工業品などの生産，流通，使用に至る広い分野にわたり，様々な規格が制定されている。木材の切削加工に関連する主要なJISを以下に示す。

　　JIS B 0170：1993　　切削工具用語(基本)
　　JIS B 0171：2005　　ドリル用語
　　JIS B 0172：1993　　フライス用語
　　JIS B 0182：1993　　工作機械―試験及び検査用語
　　JIS B 0114：1997　　木材加工機械―用語
　　JIS B 4706：1966　　製材のこやすり
　　JIS B 4708：1997　　ベニヤレースナイフ
　　JIS B 4709：1997　　木工機械用平かんな刃
　　JIS B 4710：1997　　木工用縦みぞカッタ
　　JIS B 4711：1991　　木工機械用回転かんな胴
　　JIS B 4802：1998　　木工用丸のこ
　　JIS B 4803：1998　　木工用帯のこ
　　JIS B 4805：1989　　超硬丸のこ
　　JIS B 6501：1975　　木材加工機械の試験方法通則
　　JIS B 6502：1990　　かんな盤の試験及び検査方法
　　JIS B 6507：1981　　木材加工機械の安全通則
　　JIS B 6508-1：1999　木材加工機械―丸のこ盤―第1部：丸のこ盤の試験及
　　　　び検査方法

JIS B 6508-2：1999　木材加工機械―丸のこ盤―第2部：ラジアル丸のこ盤の名称及び検査方法
JIS B 6508-3：1999　木材加工機械―丸のこ盤―第3部：走行丸のこ盤の名称及び検査方法
JIS B 6508-4：1999　木材加工機械―丸のこ盤―第4部：テーブル移動丸のこ盤の名称及び検査方法
JIS B 6508-5：1999　木材加工機械―丸のこ盤―第5部：ギャングリッパの名称及び検査方法
JIS B 6509：1990　帯のこ盤及び送材装置の試験及び検査方法
JIS B 6510：1989　面取り盤の試験及び検査方法
JIS B 6511：1999　木材加工機械―ルータ―名称及び検査方法
JIS B 6512：1989　リッパの試験及び検査方法
JIS B 6513：1989　木工フライス盤の試験及び検査方法
JIS B 6514：1989　角のみ盤の試験及び検査方法
JIS B 6515：1989　ほぞ取り盤の試験及び検査方法
JIS B 6516：1989　かんな刃研削盤の試験及び検査方法
JIS B 6517：1989　木工ボール盤の試験及び検査方法
JIS B 6518：1990　モルダの試験及び検査方法
JIS B 6519：1990　木工帯のこ盤の試験及び検査方法
JIS B 6520：1994　仕上かんな盤―試験及び検査方法
JIS B 6521：1978　木材加工機械の騒音測定方法
JIS B 6542：1991　ベニヤレース―試験及び検査方法
JIS B 6543：1991　ベニヤナイフ研削盤―試験及び検査方法
JIS B 6545：1991　ドラムサンダ―試験及び検査方法
JIS B 6546：1991　ワイドベルトサンダ―試験及び検査方法
JIS B 6555：1990　帯のこロール機の試験及び検査方法
JIS B 6556：1990　帯のこ歯研削盤の試験及び検査方法
JIS B 6572：1992　数値制御ルータ―試験及び検査方法
JIS B 6595：1991　ロータリクリッパ―試験及び検査方法
JIS B 6596：1991　ダブルサイザ―試験及び検査方法
JIS B 6599：1991　スライサ―試験及び検査方法
JIS B 6600：1978　リッパ及びギャングリッパの構造の安全基準
JIS B 6601：1983　自動一面かんな盤の構造の安全基準
JIS B 6602：1983　面取り盤の構造の安全基準

JIS B 6603：1983	ルータの構造の安全基準
JIS B 6605：1983	テーブル帯のこ盤の構造の安全基準
JIS B 6606：1983	自動ローラ帯のこ盤の構造の安全基準
JIS B 6607：1983	送材車付き帯のこ盤の構造の安全基準
JIS B 6608：1983	ベニヤレースの構造の安全基準
JIS B 6609：1983	ホットプレスの構造の安全基準
JIS R 6004：2005	研磨材，結合研削材といし及び研磨布紙—用語及び記号
JIS R 6010：2000	研磨布紙用研磨材の粒度
JIS R 6011：1991	研磨布紙用研磨材の粗粒の粒度試験方法
JIS R 6012：2000	研磨布紙用研磨材の微粉の粒度試験方法
JIS R 6251：2006	研磨布
JIS R 6252：2006	研磨紙
JIS R 6253：2006	耐水研磨紙
JIS R 6256：2006	研磨ベルト

2. 単位換算表

本書ではSI単位を基本としているが，一部の図表等では原著のとおり，非SI単位をそのまま使用している。それらのうち主なものについてここに単位換算表を記載した。

●力

	N	kgf
1 N =	1	0.10197
1 kgf =	9.80665	1

●応力

	MPa	Pa (=N/m^2)	kgf/mm^2	kgf/cm^2
1 MPa =	1	1×10^6	1.01972×10^{-1}	10.1972
1 Pa =	1×10^{-6}	1	1.01972×10^{-7}	1.01972×10^{-5}
1 kgf/mm^2 =	9.80665	9.80665×10^6	1	100
1 kgf/cm^2 =	9.80665×10^{-2}	9.80665×10^4	0.01	1

●熱

	kJ	kcal
1 kJ =	1	0.23889
1 kcal =	4.18605	1

●比熱

	kJ/(kg·K)	cal/(g·℃)
1 kJ/(kg·K) =	1	0.23889
1 cal/(g·℃) =	4.18605	1

●熱伝導率

	W/(m·K)	kcal/(m·h·℃)
1 W/(m·K) =	1	0.86000
1 kcal/(m·h·℃) =	1.16279	1

Wood Science Series 6
Wood Machining [Second Edition]

木材科学講座 6　切削加工　第 2 版

発行日	1992 年 12 月 20 日　初　版 第 1 刷
	2007 年 9 月 1 日　第 2 版 第 1 刷
	2021 年 9 月 15 日　第 2 版 第 2 刷
定　価	カバーに表示してあります
編　者	番匠谷　薫
	奥　村　正　悟
	服　部　順　昭
	村　瀬　安　英
発行者	宮　内　　久

海青社
Kaiseisha Press

〒520-0112　大津市日吉台 2 丁目 16-4
Tel.(077) 577-2677　Fax.(077) 577-2688
https://www.kaiseisha-press.ne.jp/
郵便振替　01090-1-17991

● Copyright © 2007　K. Banshoya, S. Okumura, N. Hattori, Y. Murase
● ISBN978-4-86099-228-6　● 落丁乱丁はお取り替えいたします
● Printed in JAPAN

◆ 海青社の本・好評発売中 ◆

日本木材学会論文データベース 1955-2004
日本木材学会 編

木材学会誌に掲載された 1955年から2004年までの50年間の全和文論文（5,515本、35,414頁）をPDF化して収録。題名・著者名・要旨等を対象にした高機能検索で、目的の論文を瞬時に探し出し閲覧することができる。
〔ISBN978-4-86099-905-6/CD4枚/定価29,334円〕

近代建築史の陰に〈上・下〉
杉山英男 著

木質構造分野の発展に大きく寄与した著者の「建築技術」誌に掲載し、未完となっていた連載記事を集成。多くの先達や過去の地震の記録など自身のフィールドノートをもとに、日本の近代建築における構造を歴史的に概観する。
〔ISBN978-4-86099-361-0・362-7/B5判/各巻定価8,250円〕

概説 森林認証
安藤直人・白石則彦 編

SDGsに関連して注目される森林認証制度を入門者向けに概説。日本で運用されているFSC、SGEC、PEFCの概要と、FM（森林管理）認証、CoC（加工・流通）認証を実際に取得し活用している各団体・企業での取組事例を19件掲載。
〔ISBN978-4-86099-354-2/A5判/240頁/定価3,080円〕

諸外国の森林投資と林業経営
森林投資研究会 編

世界の林業が従来型の農民的林業とTIMOやT-REITなどの新しい育林経営の並存が見られるなど新しい展開をみせる一方で、日本では古くからの育成的林業経営が厳しい現状にある。世界の動向の中で日本の育林業を考える書。
〔ISBN978-4-86099-357-3/A5判/225頁/定価3,850円〕

自然と人を尊重する自然史のすすめ 北東北に分布する群落からのチャレンジ
越前谷 康 著

秋田を含む北東北の植生の特徴を著者らが長年調査した植生データをもとに明らかにする。さらに「東北の偽高山帯とは何か、秋田のスギの分布と変遷、近年大きく変貌した植生景観」についても言及する。
〔ISBN978-4-86099-341-2/B5判CD付/170頁/定価3,565円〕

樹皮の識別 IAWAによる光学顕微鏡的特徴リスト
IAWA委員会 編／佐野雄三・吉永新・半智史 訳

樹皮組織の解剖学的学術用語集。懇切な解説文とともに、樹皮識別の際に手がかりとなる解剖学的特徴を明示する光学顕微鏡写真が付された樹皮解剖学事典でもある。好評既刊「広葉樹材の識別」「針葉樹材の識別」の姉妹書。
〔ISBN978-4-86099-382-5/A5判/117頁/定価3,520円〕

針葉樹材の識別 IAWAによる光学顕微鏡的特徴リスト
IAWA委員会 編／伊東隆夫ほか4名共訳

"Hardwood list"と対を成す"Softwood list"（2004）の日本語版。木材の樹種同定等に携わる人にとって「広葉樹材の識別」と共に必携の書。124項目の木材解剖学的特徴リストと光学顕微鏡写真74枚を掲載。
〔ISBN978-4-86099-222-4/B5判/86頁/定価2,420円〕

広葉樹材の識別 IAWAによる光学顕微鏡的特徴リスト
IAWA委員会 編／伊東隆夫・藤井智之・佐伯浩 訳

IAWA（国際木材解剖学者連合）刊行の"Hardwood List"（1989）の日本語版。221項目の木材解剖学的特徴の定義と光学顕微鏡写真（180枚）を掲載。日本語版に付した「用語および索引」は大変好評。
〔ISBN978-4-906165-77-3/B5判/144頁/定価2,619円〕

木材科学講座（全12巻）
□は既刊

1 概 論	定価2,046円 ISBN978-4-906165-59-9	7 木材の乾燥 I 基礎編 II 応用編　I：1,760円, II：2,200円 ISBN978-4-86099-375-7, 376-4
2 組織と材質 第2版	定価2,030円 ISBN978-4-86099-279-8	8 木質資源材料 改訂増補　定価2,090円 ISBN978-4-906165-80-3
3 木材の物理	定価2,030円 (2018年新版) ISBN978-4-86099-239-2	9 木質構造　定価2,515円 ISBN978-4-906165-71-1
4 木材の化学	定価2,100円 (2021年新版) ISBN978-4-86099-317-7	10 バイオマス　（続刊 2022年予定）
5 環 境 第2版	定価2,030円 ISBN978-4-906165-89-6	11 バイオテクノロジー　定価2,090円 ISBN978-4-906165-69-8
6 切削加工 第2版	定価2,024円 ISBN978-4-86099-228-6	12 保存・耐久性　定価2,046円 ISBN978-4-906165-67-4

＊表示価格は10％の消費税込です。電子版は小社HPで販売中。

◆ 海青社の本・好評発売中 ◆

ティンバーメカニクス 木材の力学 理論と応用
日本木材学会 木材強度・木質構造研究会 編

木材や木質材料の力学的性能の解析は古くから行なわれ、実験から木材固有の性質を見出し、理論的背景が構築されてきた。本書は既存の文献を元に、現在までの理論を学生や実務者向けに編纂した。カラー16頁付。
〔ISBN978-4-86099-289-7/A 5 判/293 頁/定価 3,850 円〕

バイオ系の材料力学
佐々木康寿 著

機械・建築・土木・林学・林産・環境など多分野にわたって必須となる材料力学について、基礎からしっかりと把握し、材料の変形に関する力学的概念、基本的原理、ものの考え方の理解へと導く。
〔ISBN978-4-86099-306-1/A 5 判/178 頁/定価 2,640 円〕

あて材の科学 樹木の重力応答と生存戦略
吉澤伸夫 監/日本木材学会組織と材質研究会 編

巨樹・巨木は私たちに畏敬の念を抱かせる。樹木はなぜ、巨大な姿を維持できるのか？「あて材」はその不思議を解く鍵なのです。本書では、その形成過程、組織・構造、特性などについて、最新の研究成果を踏まえてわかりやすく解説。
〔ISBN978-4-86099-261-3/A 5 判/366 頁/定価 4,180 円〕

早 生 樹 産業植林とその利用
岩崎 誠ほか5名共編

近年、アカシアやユーカリなどの早生樹が東南アジアなどで活発に植栽されている。本書は早生樹の木材生産から加工・製品に至るまで、パルプ、エネルギー、建材利用などの広範囲にわたる技術的な視点から論述。
〔ISBN978-4-86099-267-5/A 5 判/259 頁/定価 3,740 円〕

木質の形成 バイオマス科学への招待【第2版】
福島和彦ほか5名編

木質とは何か。その構造、形成、機能を中心に最新の研究成果を折り込み、わかりやすく解説。最先端の研究成果も豊富に盛り込まれており、木質に関する基礎から応用研究に従事する研究者にも広く役立つ。全面改訂 200 頁増補。
〔ISBN978-4-86099-252-1/A 5 判/590 頁/定価 4,400 円〕

木材乾燥のすべて【改訂増補版】
寺澤 眞 著

「人工乾燥」は、今や木材加工工程の中で、欠くことのできない基礎技術である。本書は、図 267、表 243、写真 62、315 樹種の乾燥スケジュール という圧倒的ともいえる豊富な資料で「木材乾燥技術のすべて」を詳述する。増補 19 頁。
〔ISBN978-4-86099-210-1/A 5 判/737 頁/定価 10,465 円〕

カラー版 日本有用樹木誌【第2版】
伊東隆夫ほか4名共著

"適材適所"を見て、読んで、楽しめる樹木誌。古来より受け継がれる我が国の「木の文化」を語る上で欠くことのできない約100種の樹木について、その生態と、特に材の性質や用途をカラー写真とともに紹介。改訂第2版。
〔ISBN978-4-86099-370-2/A 5 判/238 頁/定価 3,666 円〕

H・フォン・ザーリッシュ 森 林 美 学
W・L・クック英訳/小池孝良ほか和訳

ザーリッシュは、自然合理的な森林育成管理を主張し、木材生産と同等に森林美を重要視した自然的な森づくりの具体的な技術を体系化した。彼の主張は後に海を渡り、明治神宮林苑計画にも影響を与えたと言われている。
〔ISBN978-4-86099-259-0/A 5 判/384 頁/定価 4,400 円〕

森への働きかけ 森林美学の新体系構築に向けて
湊 克之・小池孝良ほか4名共編

森林の総合利用と保全を実践してきた森林工学・森林利用学・林業工学の役割を踏まえながら、生態系サービスの高度利用のための森づくりをめざし、生物保全学・環境倫理学の視点を加味した新たな森林利用学のあり方を展望する。
〔ISBN978-4-86099-236-1/A 5 判/381 頁/定価 3,353 円〕

キトサンと木材保存 環境適合型保存剤の開発
古川郁夫・小林智紀 著

カニ殻が主原料の木材防腐・防虫・防カビ・防汚等、木材の欠点をカバーする保存剤を紹介。自然由来で環境にやさしく、安定した効力の持続性に優れている。木材利用の大きな課題である「生物的劣化」をカバーする木材保存技術。
〔ISBN978-4-86099-356-6/A 5 判/174 頁/定価 2,970 円〕

樹木医学の基礎講座
樹木医学会 編

樹木・森林の健全性の維持向上に必要な多面的な科学的知見を、「樹木の系統や分類」「樹木と土壌や大気の相互作用」「樹木と病原体、昆虫、哺乳類や鳥類の相互作用」の側面から分かりやすく解説。カラー16頁付。待望の増刷。
〔ISBN978-4-86099-297-2/A 5 判/364 頁/定価 3,300 円〕

＊表示価格は 10％の消費税込です。電子版は小社HPで販売中。

◆ 海青社の本・好評発売中 ◆

図説 世界の木工具事典【第2版】
世界の木工具研究会 編

日本と世界各国で使われている大工道具、木工用手工具を使用目的ごとに対比させ、その使い方や製造法を紹介。最終章では伝統的な木材工芸品の製作工程で使用する道具や技法を紹介した。好評につき第2版刊行。
〔ISBN978-4-86099-319-1/B5判/209頁/定価2,954円〕

木材加工用語辞典
日本木材学会機械加工研究会 編

木材の切削加工に関する分野の用語はもとより、関係の研究者が扱ってきた当該分野に関連する木質材料・機械・建築・計測・生産・安全などの一般的な用語も収集し、4,700超の用語とその定義を収録。50頁の英語索引も充実。
〔ISBN978-4-86099-229-3/A5判/326頁/定価3,520円〕

シロアリの事典
吉村 剛ほか8名共編

日本のシロアリ研究における最新の成果を紹介。野外調査法から、生理・生態に関する最新の知見、建物の防除対策、セルラーゼの産業利用、食料としての利用、教育教材としての利用など、多岐にわたる項目を掲載。
〔ISBN978-4-86099-260-6/A5判/472頁/定価4,620円〕

環境を守る森をしらべる
原田 洋・鈴木伸一ほか3名共著

都市部や工場などに人工的に造成された環境保全林が、地域本来の植生状態にどれくらい近づいたかを調べて評価する方法を紹介。環境保全林の作り方を述べた小社刊「環境を守る森をつくる」の続刊。カラー12頁付。
〔ISBN978-4-86099-338-2/四六判/158頁/定価1,760円〕

環境を守る森をつくる
原田 洋・矢ケ崎朋樹 著

環境保全林は「ふるさとの森」や「いのちの森」とも呼ばれ、生物多様性や自然性が高く、土地本来の生物的環境を守る機能を併せ持つ。本書ではそのつくり方から働きまでを、著者の研究・活動の経験をもとに解説。カラー12頁付。
〔ISBN978-4-86099-324-5/四六判/158頁/定価1,760円〕

改訂版 木材の塗装
木材塗装研究会 編

日本を代表する木材塗装の研究会による、基礎から応用・実務までを解説した書。会では毎年6月に入門講座、11月にゼミナールを企画、開催している。改訂版では、政令や建築工事標準仕様書等の改定に関する部分について書き改めた。
〔ISBN978-4-86099-268-2/A5判/297頁/定価3,850円〕

木材接着の科学
作野友康ほか3名共編

木質材料と接着剤について、基礎からVOC放散基準などの環境・健康問題、廃材処理・再資源化についても解説。執筆は産、官、学の各界で活躍中の専門家による。特に産業界にあっては企業現場に精通した方々に執筆を依頼した。
〔ISBN978-4-86099-206-4/A5判/211頁/定価2,640円〕

木力検定シリーズ
①木を学ぶ100問 井上雅文・東原貴志 編著
②もっと木を学ぶ100問 井上雅文・東原貴志 編著
③森林・林業を学ぶ100問 立花 敏ほか編著
④木造建築を学ぶ100問 井上雅文ほか編著

あなたも木ムリエに！ 木を使うことが環境を守る？ 木は呼吸するってどういうこと？ 鉄に比べて木は弱そう、大丈夫かなあ？ 本書はそのような素朴な疑問について、楽しく問題を解きながら木の正しい知識を学べる100問を厳選して掲載。森林や樹木の不思議、林業や木材の利用について楽しく学べます。専門家でも油断できない問題もあります。
〔①ISBN978-4-86099-396-2/四六判/定価1,100円、
②ISBN978-4-86099-330-6/四六判/定価1,100円、
③ISBN978-4-86099-302-3/四六判/定価1,100円、
④ISBN978-4-86099-294-1/四六判/定価1,100円〕

木材時代の到来に向けて
大熊幹章 著

木材利用の仕組みを根本的に見直し、再編するための書。持続可能で環境にやさしい資源「木材」の育成と利用が今後大きく進展することは必至である。木材を学ぶ学生や指導する側の副読本。木材の世界が垣間見える一冊。
〔ISBN978-4-86099-342-9/四六判/158頁/定価1,528円〕

日本の木と伝統木工芸
メヒティル・メルツ著／林 裕美子 訳

日本の伝統的木工芸における木材の利用法を、職人への聞き取りを元に技法・文化・美学的観点から考察。ドイツ人東洋美術史・民族植物学研究者による著書の待望の日本語訳版。日・英・独・仏4カ国語の樹種名一覧表と木工用語集付。
〔ISBN978-4-86099-322-1/B5判/240頁/定価3,520円〕

＊表示価格は10％の消費税込です。電子版は小社HPで販売中。